规模化生态养鸡
疫病防控答疑解惑

◎ 白欣洁　冯卫田　汤丽波　主编

中国农业科学技术出版社

图书在版编目（CIP）数据

规模化生态养鸡疫病防控答疑解惑 / 白欣洁，冯卫田，
汤丽波主编 . -- 北京：中国农业科学技术出版社，2023.6（2025.4 重印）
ISBN 978 - 7 - 5116 - 6156 - 2

Ⅰ . ①规… Ⅱ . ①白… ②冯… ③汤… Ⅲ . ①鸡病—
防疫—问题解答 Ⅳ . ① S858.31–44

中国版本图书馆 CIP 数据核字（2022）第 247079 号

责任编辑	张国锋
责任校对	王 彦
责任印制	姜义伟 王思文

出 版 者	中国农业科学技术出版社
	北京市中关村南大街 12 号 邮编：100081
电 话	（010）82106638（编辑室） （010）82109702（发行部）
	（010）82109709（读者服务部）
网 址	https://castp.caas.cn
经 销 者	各地新华书店
印 刷 者	北京捷迅佳彩印刷有限公司
开 本	170 mm×240 mm 1/16
印 张	13.5
字 数	300 千字
版 次	2023 年 6 月第 1 版 2025 年 4 月第 2 次印刷
定 价	48.00 元

编者名单

主　编　白欣洁　冯卫田　汤丽波

副主编　黄宇翔　胡长青　王化林　王润锦

　　　　王　毅　阮　鑫

编　者　李　矞　张连生　何　露　刘桂欣

　　　　王　莉　杨福存　孙　波　刘会君

　　　　李和银　荣琴旋　曹　兵

前　言

随着人民生活水平和生活质量的不断提高，绿色、无公害的鸡产品越来越受到青睐，鸡的规模化生态养殖也越来越受到追捧。养殖从业者从农业可持续发展的角度，根据生态学、生态经济学的原理，将传统养殖方法和现代科学技术相结合，利用林地、草场、果园、农田、荒山、竹园和河滩等资源，实行标准化生产，选择优质抗病鸡种，实行自由放养，让鸡群觅食昆虫、嫩草、树叶、籽实和腐殖质等自然饲料为主，人工科学补料为辅，严格限制化学药品和饲料添加剂的使用，禁用任何激素和人工合成促生长剂，通过良好的饲养环境、科学饲养管理和卫生保健措施，最大限度地满足鸡群的营养、生理和心理需求，充分释放天性，才能提高鸡群本身的免疫力和抗病力。采取以上综合防控措施，使鸡少得病甚至不得病，得病后少用药物或不用药物，尤其是少用或不用化学药物，使肉、蛋产品达到无公害食品乃至绿色食品的标准，抓住原始、生态、无污染环节，满足广大消费者追求纯天然的需求。

本书是作者几十年鸡病综合防控的教学、科研、诊疗经验的总结。编写过程中，本着立足基层、服务基层的原则，将科学性和实用性融为一体，系统、全面地介绍标准、规范、实用的放养鸡疫病防控与临床诊疗新技术。在内容上，突破了常规同类图书偏重叙述发病机理，实践防控策略较少的固有模式，将生物安全、选药用药等作为重点内容来编写，技术性强、简明实用；在形式上，采用问答形式，一问一答，便于读者检索。

本书可作为广大规模化生态养鸡场户的指导用书，也是兽医院、基层兽医站技术人员的必备用书，还可供兽医专业的高职、大专院校学生参考使用。

本书的出版得到北京市自然科学基金项目（621403）和北京市教委一般科技项目（KM201912448002）的资助，在此表示感谢。由于作者水平有限，书中的不足和错误在所难免，诚恳希望各地读者在使用中提出宝贵意见，以使本书日臻完善。

编　者
2022 年 6 月

目　录

第一章　概　述

1. 什么是生态养鸡?

　　生态养殖,是指运用生态学原理,保护水域生物多样性与稳定性,合理利用多种资源,以取得最佳的生态效益和经济效益。生态养殖是在我国农村大力提倡的一种生产模式,其最大的特点就是在有限的空间范围内,人为地将不同种的动物群体以饲料为纽带串联起来,形成一个循环链,目的是最大限度地利用资源,减少浪费,降低成本。

　　具体到生态养鸡,就是养殖从业者从农业可持续发展的角度,根据生态学、生态经济学的原理,将传统养殖方法和现代科学技术相结合,利用林地、草场、果园、农田、荒山、竹园和河滩等资源,实行标准化生产,选择适宜当地养殖的优质抗病鸡种,实行自由放养,让鸡群觅食昆虫、嫩草、树叶、籽实和腐殖质等自然饲料为主,人工科学补料为辅,严格限制化学药品特别是抗生素和饲料添加剂的使用,禁用任何激素和人工合成促生长剂,通过良好的饲养环境、科学饲养管理和卫生保健措施,最大限度地满足鸡群的营养、生理和心理需求,给鸡群以最大的福利,充分释放天性,才能提高鸡群本身的免疫力和抗病力。通过采取以上综合防控措施,使鸡少得病甚至不得病,得病后少用药物或不用药物,尤其是少用或不用化学药物,使肉、蛋产品达到无公害食品乃至绿色食品的标准,抓住原始、生态、无污染环节,满足广大消费者追求纯天然的需求。

2. 当前规模化生态养鸡疫病流行有什么特点?

　　总体来讲,鸡抗病性差。鸡的肺脏很小,但连接很多气囊,这些气囊充斥于体内各个部位,甚至进入骨腔,通过空气传播的病原体可以沿呼吸道进入肺和气囊,从而进入体腔、肌肉、骨骼之中;鸡的生殖孔与排泄孔都开口

1

于泄殖腔，产出的蛋经过泄殖腔，容易受到污染；由于没有横膈膜，腹腔感染很易传至胸部的器官；鸡没有淋巴结，这等于缺少阻止病原体在机体内通行的关卡。因此，在同样条件下，鸡比鸭、鹅等水禽抗病能力差，存活率低。

（1）**寄生虫病发病率高**　鸡群生态放养，鸡的粪便直接排放到环境中，在夏季多雨季节，运动场潮湿，粪便中的寄生虫卵有较适宜的发育、繁殖条件，鸡的寄生虫病多发。如球虫病、鸡蛔虫病、组织滴虫病、异刺线虫病、绦虫病、体外寄生虫病如螨虫病等。

（2）**细菌病较易发**　生态养鸡，鸡直接接触地面，环境条件特殊，鸡接触病原的机会多，鸡的粪便容易污染饲料、饮水、地面，气温变化大、刮风下雨等环境应激因素较多，所以细菌病较多发，如鸡霍乱、感染或并发大肠杆菌病等。有些鸡场从非正规种鸡场购买雏鸡，一些种鸡场未作鸡白痢净化，放养鸡在育雏期沙门氏菌类（鸡白痢病、伤寒、副伤寒）较多发。

（3）**呼吸道病发病率较低**　生态养鸡是在果园、林间、山地放养，一般饲养密度在 $30 \sim 50$ 只/亩（667 米^2），舍内的饲养密度也不超过 10 只/米^2，饲养密度小，舍内粉尘、氨气、硫化氢等有害气体以及灰尘、微生物含量少，空气新鲜，呼吸道病发病率较低。

（4）**病毒病常发**　新城疫、法氏囊病、马立克病等病毒病发病多。生态养鸡主要来自一些地方品种，有些孵化场种蛋来源分散，种鸡母源抗体差别很大，高低参差不齐。给雏鸡的新城疫、法氏囊病的免疫带来困难。有的种鸡群没有进行法氏囊疫苗接种，雏鸡法氏囊母源抗体水平低，而此时由于中枢免疫器官尚未发育健全，法氏囊病毒感染后破坏了法氏囊免疫器官而不能产生 B 淋巴免疫细胞，使雏鸡处于免疫缺陷状态，极易发病，且死亡率高。因此，新城疫、传染性法氏囊炎等传染病也易发生。生态养鸡由于分散饮水不易集中，给新城疫的饮水免疫带来很大困难，而常引发非典型新城疫。

马立克病发病多。马立克病是一种潜伏期长，临床上发病高峰期常见于 $60 \sim 120$ 日龄，是一种无药可治的免疫抑制性传染病。对于此病，疫苗要求在出壳后 24 小时内皮下有效注射接种。而且疫苗的保存和使用条件比较苛刻，费时费钱，一些孵化经营者抱有侥幸心理或嫌麻烦，不接种马立克疫苗，造成此病大面积暴发。

（5）**维生素缺乏症、微量元素缺乏症等发病率较低**　生态养鸡，鸡的活动范围大，体质好，直接觅食新鲜的树叶、嫩草、植物籽实及各种昆虫，能获得多种维生素、微量元素等营养物质，并且在室外林地自由活动，可接受充分的太阳光照射，抗病力强，利于维生素 D 的合成，增强钙磷代谢，减少佝偻病的发生。所以和舍内饲养相比，较少发生维生素缺乏症。但林地放养时，林地、果园中的植被、虫体持续被鸡啄食，如果鸡的饲养密度大或不实行轮牧放养，青草和虫越来越少，不能及时恢复，还是按照一开始的饲养方式进行，就会造成营养成分供给不足，鸡易出现啄癖、啄肛、掉毛等现象，影响鸡的健康和生产性能。

（6）两种以上疾病混合感染多见　临床上常见新城疫和大肠杆菌，传染性贫血病、大肠杆菌和支原体混合感染，传染性贫血病和鸡痘等混合感染。40 日龄以上的病鸡在剖解中常见有蛔虫、绦虫、滴虫等不同程度的感染。

（7）生态养鸡活动范围广，运动量大，体质好　据观察，生态养鸡的活动半径在 500 米以内，鸡在觅食过程中，不停地奔跑、跳跃、打斗，增加了肺活量及肌肉的增长，具有良好的体质。

（8）杂食　鸡觅食中采食鲜嫩的树叶、草叶及成熟的植物籽实，这些物质中不仅含有丰富的蛋白质，还含有鸡必需的多种维生素、微量元素；而且，某些植物还具有保健作用。

此外，鸡采食的昆虫及软体动物体内含有抗菌肽，可提高其抗病力。鸡在放养过程中，从周围的环境中采食大量蝗虫、蚯蚓、蝇蛆等，这些动物不仅提供大量的优质蛋白质，而且体内还含有丰富的抗菌肽。据报道，抗菌肽具有广谱的抗菌性，不仅对多种细菌、真菌，而且对多种病毒也有杀灭作用。

（9）接受阳光多，不易患软骨病等代谢病　生态养鸡在太阳的照射之下，紫外线源源不断地给鸡体表及周围环境进行消毒，并使鸡皮肤中的 7- 脱氢胆固醇转化为维生素 D_3，可减少骨软症的发生。

3. 哪些因素不利于生态养鸡的疾病防控?

（1）饲养管理技术相对落后，疾病综合防治意识淡薄　各地生态养鸡近几年发展不平衡，有的相关配套技术滞后，饲养和经营管理人员技术水平不高，生产实践常识匮乏，缺乏疫病防控的临床实践经验等。

（2）种鸡企业良莠不齐　目前由于准入制度不健全，我国种鸡企业良莠不齐，总体水平不高，达到生物安全等级一类和二类的仅是少部分。从疾病防控角度来看，祖代和父母代存在较多疾病问题，必然会影响后代。有以下三个突出问题。

一是种鸡群鸡白痢、支原体病和禽白血病等蛋传疾病的阳性率普遍较高，缺少净化和根除规划。这些病的阳性率从祖代、父母代到商品代不断放大，造成商品代很难饲养，如为了控制育雏期的雏鸡白痢，严重依赖抗生素。

二是种鸡使用的活疫苗带来外源病原体污染问题。我国大部分种鸡，尤其是父母代种鸡还不能完全使用真正无特定病原鸡（SPF）源的活疫苗，这就使一些经胚传递的病原体，如支原体、网状内皮增生症病毒、呼肠孤病毒、禽白血病病毒、鸡传染性贫血病毒等，经活疫苗的使用而造成在种鸡中的人工传播感染，所以在商品代这些病的阳性率较高。这些病原体有很多是具有免疫抑制性的，高阳性率对群体的疫病防控会产生严重的不利影响。

三是免疫程序有待优化。对一些重要传染病，种鸡如果不能为后代提供平均滴度较高、变异系数较小的母源抗体，将给后代的免疫预防带来困难。

（3）环境不易控制，易患球虫、大肠杆菌病 放养鸡接触地面，病鸡粪便易污染饲料、饮水、土地。特别是夏季天热多雨、鸡群过分拥挤、运动场太潮湿，粪便得不到及时清理和堆沤发酵。再加上不及时清除场内的污物，使病原体"接力传染"，容易造成该病的流行。

（4）气候多变环境恶劣 生态养鸡所处的外界环境因素多变，易受暴风雨、冰雹、雪等侵袭，应激反应大。

（5）用药问题 生态饲养多挑选野外，而很多养殖户忧虑野外的病害多而过度投药，影响鸡的成长，造成免疫抑制，发病率更高。另外，一旦有个别鸡只发病，就全群用药，不注重隔离治疗，严重影响鸡群健康。

（6）饲养问题 有些养殖户为了提高鸡群生长速度，往往胡乱添加各种添加剂；不注重分群饲养，大小、公母混养，使发病概率更高，存在较大的隐患；急于让鸡产蛋，匆忙换料，鸡提前开产，影响产蛋高峰和产蛋高峰持续期，得不偿失。

（7）不注重消毒 没有分区划区饲养，不注重空区消毒，卫生防疫措施不利。

（8）对重大疫病的防控存在误区 对我国新城疫、禽流感等重大疫病的防控存在认识误区，不能科学地认识疫苗在防控中的作用，不能正确使用疫苗，而是过分地依赖疫苗乃至滥用疫苗。

在我国，有很多人存在"手中有苗，心中不慌""一针（疫苗）定天下"的错误观念，这违反了传染病防控的最基本原则：必须在消灭传染源、切断传播途径和提高易感鸡群免疫力3个环节上形成合力，才能有效控制流行。因此疫苗免疫不能作为第一道防线，只能作为最后一道防线，以消灭传染源和切断传播途径为目的的生物安全措施才是第一道防线，必须在这两个环节上狠下功夫。

而且疫苗免疫的鸡群仍可感染强毒，并在群内复制和排出，成为传染源。疫苗免疫不能阻止和消除感染，仅提供临床保护，减少感染引起的发病和死亡，降低强毒感染产生的病毒载量。而且，疫苗毒株和现场流行毒株始终会存在遗传和抗原差异，因此免疫保护是不完全的，新疫苗研制的速度永远滞后于病原体进化的速度。

（9）疫病监测工作存在缺陷　一些疫情、病原体变异往往不能被及时发现，等扩散到较大范围时才被认识，错过了防控的最佳时机。2021年新修订的《中华人民共和国动物防疫法》对重大动物疫病的疫情报告有明确具体的规定。在第一时间诊断、报告疫情，是根据"早、快、严、小"原则控制和扑灭疫情的前提条件，如做不到这一点，后果是疫情由点到线，由线到面，再由面到大范围、大地域扩散流行。

4. 如何做好生态鸡场疫病的综合防控？

（1）选择合适的场地　从疫病预防、控制角度，养鸡场应选择在背风向阳、地势高燥、易于排水、通风良好、水源充足、水质良好的地方。要远离屠宰场、肉食品加工厂、皮毛加工厂等易污染单位。规模较大的放养鸡场，生产区和生活区应严格分开。鸡舍的建筑应根据本地区主导风向合理布局，从上风头向下风头，依次建筑饲料加工间、育雏间、放养鸡舍。此外，还应建立隔离间、粪便和死鸡处理设施等。

（2）把好种鸡引入关　鸡群发生的疫病中，部分是从引种鸡场带来的。因此，从外地引进雏鸡时，应首先了解当地有无疫情。若有疫情则不能购买，无疫情时，引进前也要对种鸡场的饲养管理、防疫详细地了解。雏鸡应来自非疫区、信誉度高的正规种鸡场。

（3）科学饲养管理　①满足鸡群营养需要。在饲养管理过程中，要根据鸡的品种分群饲养，按其不同生产阶段的营养需要、饲养密度、植被情况，供给相应的配合饲料，以保证鸡体的营养需要。同时还要供给足够的清洁饮水，合理安排放牧时间，提高鸡群的健康水平。只有这样，才能有效地防御多种疾病的发生，特别是防止营养代谢性疾病的发生。

②创造良好的生活环境。饲养环境条件差，往往影响鸡的生长发育，也是诱发疫病的重要因素。要按照鸡群在不同生长阶段的生理特点，控制适当

的温度、湿度、光照、通风和饲养密度，尽量减少各种应激因素，防止惊群的发生。

③采取"全进全出"的饲养方式。所谓"全进全出"，就是同一栋鸡舍和放牧地块在同一时期内饲养同一日龄的鸡，又在同一时期出栏。这种饲养方式简单易行，优点很多，既便于鸡出栏后对舍内调整日粮，控制适宜的舍温，合理地免疫，又便于鸡出栏后对舍内地面、墙壁、房顶、门窗及各种设备彻底打扫、清洗和消毒以及放牧地的自然净化。采取这种饲养方式，能够彻底切断各种病原体循环感染的途径，有利于消灭舍内的病原体。

④做好废弃物的处理工作。养鸡场的废弃物包括鸡粪、死鸡等。养鸡场一般在下风向最低位置的地方或围墙外设废弃物处理场。鸡粪经过发酵处理后，当肥料出售。死鸡焚烧或深埋。

⑤做好日常观察工作。随时掌握鸡群健康状况，逐日观察记录鸡群的采食量、饮水表现、粪便、精神、活动、呼吸等基本情况。统计发病和死亡情况，对鸡病做到"早发现、早诊断、早治疗"，以减少经济损失。

（4）搞好消毒工作 ①鸡场及鸡舍门口应设消毒池，经常保持有新鲜的消毒液，凡进入鸡舍必须经过消毒。车辆进入鸡场，轮子要经过消毒池。②工作人员和用具固定，用具不能随便借出借入。工作人员每天进入鸡舍前要更换工作服、鞋、帽，工作服要定期消毒。场内的工作鞋不许穿出场，场外的鞋不许穿进场内。③鸡舍在进鸡之前一定要彻底清洗和消毒。栖架、蛋箱应定期消毒。料槽应定期洗刷、晾晒，否则会使饲料发霉变质；水槽要每天清洗。④要坚持做好带鸡消毒，用 0.3% 过氧乙酸或 0.05%～0.1% 的百毒杀对鸡群消毒，这对环境的净化和疾病的防治作用很大。通过带鸡消毒，不仅能使鸡舍的地面、墙壁、鸡体和空气中的细菌数量明显减少，还能降低空气中的粉尘、氨气，夏季还有降温作用。

（5）搞好免疫接种 ①养鸡场一定要根据本场的疫情和生产情况，制订本场的免疫计划。②兽医人员要有计划地对鸡群进行抗体监测，以确定免疫的最佳时机，检查免疫效果。③使用的疫苗要确保质量，免疫的剂量准确，方法得当。④免疫前后要保护好鸡群，免受野毒的侵袭。要避免各种应激，对鸡群增喂一些维生素 E 和维生素 C 等，以提高免疫效果。

（6）利用微生态制剂防治疾病 微生态制剂可以改变肠道环境或与肠道内有益菌一起，形成强有力的优势菌群，抑制致病菌群。同时，分泌与合成大量氨基酸、蛋白质、维生素、各种生化酶、抗生素、促生长因子等营养与激素类物质，以调整和提高鸡机体功能，提高饲料转化率。对鸡机体可以产生免疫、营养、生长刺激等多种作用，达到消除粪尿臭味、防病治病、提高存活率、促进生长和繁殖、降低成本的目的。

（7）合理预防投药，提高鸡群健康水平 除对鸡群进行科学的饲养管理，做好消毒隔离、免疫接种等工作外，合理使用药物防治鸡病也是搞好疾病综合性防治的重要环节之一。

第二章 生态鸡场场址的选择与布局

1. 生态鸡场场址选择应遵循哪些原则?

加强生态鸡场的场址选择和布局,是构建生物安全体系的重要组成部分。养鸡场环境是否良好、内部建筑设施是否合理,直接关系到鸡群的健康状况,并直接影响鸡群生长、鸡产品的卫生质量,也关系到养鸡场经营管理效率。所以新建生态鸡场场址必须选择良好的环境,内部设计和建筑布局要科学合理。

选择场地,必须根据鸡的生理习性和养殖规模而定。生态养鸡的场地要选择高燥、干爽、排水良好的缓坡或荒坡。除此之外,还要遵循如下五项原则。

(1)有利于防疫 养鸡场地不宜选择在人口密集的居民住宅区或工厂集中地,不宜选择在交通来往频繁的地方,不宜选择在畜禽贸易场所附近;宜选择在较偏远而车辆又能达到的地方。这样的地方不易受疫病威胁,有利于防疫。

(2)放养场地内要有遮阴 场地内宜有翠竹、绿树遮阴及草地,以利于鸡只活动。

(3)场地要有水源和电源 鸡场需要用水和用电,故必须要有水源和电源。水源最好为自来水,如无自来水,则要选在地下水资源丰富、适合于打井的地方,而且水质要符合卫生要求。

(4)场地范围内要圈得住 场地内要独立自成封闭体系(用竹子或用砖砌围墙围住),以防止外人随便进入,防止外界畜禽、野兽随便进入。

(5)有丰富的可食饲料资源 放养场地丰富的饲料资源如昆虫、野草、牧草、野菜等,可以保证鸡群天然饲料不断供给,如果场地牧草不多或不够丰富,可以进行人工种植或从别的地方收割来,给鸡补饲。

2.哪些自然环境利于生态养鸡的疫病防控?

（1）草场、荒坡林地及丘陵山地　草场、荒坡林地及丘陵山地中牧草和动物蛋白质饲料资源丰富，场所宽敞，空气新鲜，环境幽雅，适宜鸡生态养殖，利于疫病防控。

放养时要充分发挥林地的有利条件：一是鸡觅食林中的虫、草，排泄的粪便增加地力，促进林木、林草生长，减少化肥开支和污染。同时，树林密集的树冠，为鸡的生活提供了遮阴避暑、防风避雨的环境，鸡在林丛中觅食，还可躲避老鹰的侵袭。二是在林地活动范围大，抗病力增强，平时管理上少用药，生产出来的鸡蛋、鸡肉无药物残留。三是林地中优质饲料多。除丰富的可食牧草外，春季有金龟子、红蜘蛛、象甲、行军虫、枣尺蠖等；夏、秋季节有蚂蚱、蟋蟀、毛虫、蜘蛛、食心虫、蚯蚓等；冬前有快入土和已入土的成虫、幼虫、虫卵、蛹茧等。林地放养为鸡提供了丰富的营养，可节约饲料 10%，降低饲料成本 10%～20%。

林地的选择对于养好鸡有着十分重要的作用。不同用途的林地，在选择时要有所侧重。一般林地以中成林，林冠较稀疏、冠层较高，树林荫蔽度在70% 左右，透光和通气性能较好，且林地杂草和昆虫较丰富的成林较为理想。树林枝叶过于茂密，遮阴度大的林地透光效果不好，不利于鸡的生长。

荒山林地最好是灌木丛、荆棘林或阔叶林等，土质以沙壤土为佳，若是黏质土壤，在放养区应设立一块沙地。附近最好有小溪、池塘等清洁水源。鸡舍建在向阳南坡上。

林间隙地可以种植苜蓿等饲草。据试验，在鸡日粮中加入 3%～5% 的苜蓿粉不但能使蛋黄颜色更黄，还能降低鸡蛋胆固醇含量。

（2）果园　为害果树的病虫害种类繁多，每年由于气候条件不同，病虫害发生的种类和时期不尽相同。在一年的生长过程中，果树经过萌芽、展叶、抽梢、开花、结果和休眠等阶段，各阶段发生的病虫害种类、数量和为害方式也不同。果树的害虫和农作物、林木、蔬菜害虫一样，大多属于昆虫的一部分，一生要经过卵、幼虫、蛹、成虫 4 个虫期的变化，如各种食心虫、天牛、吉丁虫、形毛虫、星毛虫等。过去多采用喷药、刮老皮、剪虫枝、拾落果、捕杀、涂白等烦琐的方法防治。

果园放养生态鸡可捕食这些害虫。在昆虫发育的各个阶段若被鸡发现，都能作为饲料被鸡采食。同时，通过灯光诱虫喂鸡，可明显减少果树虫害，降低农药使用量，减少农药残留，改善生态环境。由于在果园中放养的鸡可捕食肉类害虫，蛋白质、脂肪供应充分，所以生产迅速。较农家庭院饲养生长速度快33%，日产蛋量多18%，而且节约饲料成本60%以上。

在果园选择上，以干果、主干略高的果树和使用农药较少的果园地为佳。最理想的是核桃园、枣园、柿园和桑园等，并且要求排水良好。这些果树主干较高，果实结果部位亦高，果实未成熟前坚硬，不易被鸡啄食。其次为山楂园，因山楂果实坚硬，全年除1～2次用药杀灭食心虫外，很少用药。在苹果园、梨园、杏园养鸡，放养期应躲过用药和采收期，以减少药害以及鸡对果实的伤害；也可以在用药期，临时用隔网分区喷药，分区放养。同时，苹果、桃、梨等鲜果林地在挂果期会有部分果子自然落果后腐烂，鸡吃后易引起中毒，因此，要及时捡起落果，防止被鸡啄食。

（3）冬闲田　选择远离村庄、交通便利、排水性能良好的冬闲田，利用木桩做支撑架，搭成2米高的"人"字形屋架，周围用塑料布包裹，屋顶加油毡，地面铺上稻草，也可以放养鸡。

3. 生态鸡场场址选择对社会环境有什么要求？

选择生态鸡场还要考虑社会环境，主要是考虑水电、交通和周围环境。场内要有三相电源，供电稳定，最好有双路供电条件或自备发电机。场址应该选在交通便利的地方，有利于饲料、鸡只等的运输，但要与主要交通干道保持300～500米的距离，并通过修建专用道路使养鸡场与主干道相连；与其他养禽场间距应在1千米以上，同时与工矿企业、机关学校、市场、居民区等保持较远的距离，防止饲养场受外界环境的影响，也有利于防疫。为了避免对附近居民的环境造成污染，最好把地点选在当地居民居住地的主风向下风处，但要离开居民点污水排出口。不应选在化工厂、屠宰场、制革厂等容易造成环境污染企业的下风处或附近。

4. 已建立的饲养场如果不符合疫病防控要求，该采取哪些补救措施？

已经建立的生态鸡场，如果不符合上述条件，应该采取适当措施进行补救，如建立隔离围墙、隔离绿化带、引进洁净的自来水等。但是如果环境已经受到严重污染，且污染源又无法消除，那么饲养场应该按照上述要求，制订搬迁计划，适时搬迁。否则，难以按照标准化生产要求饲养生态鸡，会影响鸡群的健康生长和鸡产品的卫生质量。

5. 生态养鸡为什么要建植草地?

饲养生态鸡最好种植营养丰富、适口性好的豆科牧草或禾本科牧草，这些牧草中富有蛋白质和钙质，是鸡的良好饲料来源，可以增强体质，预防疫病；而且牧草具有根瘤，能改良土壤结构和提高土壤肥力。

（1）选择适宜的牧草品种　林草立体群落结合可以达到地上光能高效利用、地下土壤养分充分吸收的目的，幼林期种植牧草，既可避免土地浪费，防止水土流失，又可收获牧草。牧草以多年生为好，避免每年播种，同时要求分枝分蘖多，再生性强，适应性强，适口性好。适用草种有豆科的三叶草、紫花苜蓿、百脉根，禾本科的鸭茅、无芒雀麦、黑麦草、早熟禾等。

（2）放牧草地的建植与使用　放牧草地的建植应考虑鸡的食性、耐践踏和持久性，可采用豆科牧草 60%、禾本科牧草 40% 的混播方式。适宜的豆科牧草有三叶草、紫花苜蓿、百脉根，禾本科牧草有黑麦草等。播种量豆科牧草 8 千克 / 公顷（1 公顷 =10 000 米^2），禾本科 5 千克 / 公顷。

放养鸡应进行分区轮牧，以合理利用牧草和减少对草地的破坏。将放牧草地划块，气候和雨水好，牧草生长快时，20 天左右轮牧 1 次；牧草生长差时，30 天左右轮牧 1 次。

（3）几种主要牧草的播种方法

紫花苜蓿：又名紫苜蓿、苜蓿、苜蓿草，为苜蓿属多年生草本植物。根系发达，种植当年可达 1 米以上，多年后达 10 ～ 30 米。茎秆斜上或直立，株高 60 ～ 100 厘米。小 3 叶，花呈簇状。因根系强大、入土深，对干旱的忍耐性很强。但高温或降水过多（100 厘米以上）对其生长不利，持续燥热潮湿会引起烂根死亡。它富含蛋白质和矿物质，胡萝卜素和维生素 K 的含量较高。蛋白质含量是干物质的 17% ～ 23%，以 20% 计，亩产 1 500 千克干草（始花期）。播种紫花苜蓿采取条播、撒播和穴播均可。播种量一般每亩 0.5 ～ 1.5 千克，条播行距 20 ～ 30 厘米，播深 2 ～ 4 厘米为宜，浅翻土，轻镇压（如在紧实土地上播种，播深以 1 ～ 3 厘米为宜）。

沙打旺：又名麻豆秧、沙大王、斜茎黄芪、直立黄芪。主根粗壮，侧根发达，并有大量根瘤。茎高 1.5 ～ 2 米，丛生。其抗逆性强，适应性广，具有抗寒、耐瘠、耐盐、抗旱和抗风沙的能力，能忍受最低气温为 –30℃。其粗蛋白质占干物质的 15% ～ 16%，饲用价值仅次于苜蓿。种植沙打旺结合耕翻施用有机肥和磷肥可提高产草量及种子产量。沙打旺营养生长期长，比同期播种的紫花苜蓿营养期长1～1.5月，植株高大，叶量丰富，占总量的30%～40%，产草量也高于一般牧草。种植2～4年，亩产鲜草2 000～6 000千克。春播、夏播、秋播均可。一般在6月初至7月中旬，秋播不迟于8月初。一般采用条播，行距30厘米，覆土1～2厘米，镇压。荒地飞播前要浅耕或重肥。播种量为每亩0.3～0.5千克。飞播最好与草木樨、沙蒿、羊柴、柠条混播。

白花草木樨：又名白香草木樨、白甜车轴草，是草木樨属二年生草本植物。茎直立，株高1～3米，多分枝，含香素，全株具有香味，三出复叶，有锯齿。花小，白色，为细长而稀疏的总状花序。荚果小，每荚含1粒种子。适宜在湿润和半干燥气候地区生长，耐瘠薄，不适用于酸性土壤，最喜pH值7～9的土壤。耐盐碱、抗寒、抗旱能力都很强。它是蛋白质、脂肪、无氮浸出物等较高的饲草。白花草木樨苗期生长缓慢，需深耕细耙，整地精细。磷、钾同时施用对其增产有显著作用。白花草木樨春夏秋季均可播种。春播每年可刈割两次，亩产鲜草1 500～2 000千克。单种，条播行距30～50厘米，播种量每亩1～1.5千克；密行条播行距7.5～15厘米，播种量每亩2～2.5千克。与玉米、葵花和高粱等宽行高大作物间种，可与作物同期播种，也可推后。这样白花草木樨亩产鲜草1 000～1 500千克，葵花亩产50～200千克。套种，占地不大，不影响粮食生产，而且还能增产饲料，提高地力。复种，小麦等粮食作物收获后，复种草木樨能获得较高产量，并提高地力，使后作增产。因白花草木樨生长快、年限短，是一种良好的混播草种。与禾本科牧草混播，能相互促进，增强生长，提高产量和品质。

柠条：学名小叶锦鸡儿，别名柠条、连针。为落叶灌木，叶簇生或互生，偶数羽状复叶。其株高在150～300厘米，树皮金黄色。柠条是良好的饲用植物，它枝叶茂盛，营养价值高，含粗蛋白质22.9%、粗脂肪4.9%、粗纤维27.8%；种子中含蛋白质27.4%、粗脂肪12.8%、无氮浸出物31.6%。它根系发达，是水土保持、防风固沙的优良品种。柠条是干草原和荒漠草原沙生旱生灌木，极耐干旱、寒冷和贫瘠。不怕风沙，在沙地生长良好，在-32℃能安全越冬。种植柠条的关键在于抓苗，对土壤水分、播种时间和田间管理都有严格要求。土壤水分在10%以上时，旱直播才能抓好苗。水分充足，温度高，有利于萌芽出苗。当年停止生长前高达8～10厘米能安全越冬。北方不利于8月上旬播种，多在6—7月的雨季进行旱直播。播种

时播深 3 厘米（过深影响出苗），播种量为每亩 0.7 ～ 1 千克，一般情况下
150 丛 / 亩。柠条返青早，生育期长，播种第一年的柠条地上部分生长缓慢，
第二年生长加快。第三、第四年开花结实。种子产量每亩 15 ～ 20 千克，种
子寿命约 3 年。

第三章 生态鸡场符合防疫要求的设施设备

1. 生态鸡场为什么要搭建围网?

为了预防兽害和鸡只走失,方便防疫隔离,或为了划区轮牧、预防农药中毒,放养区周围或轮牧区间应设置围栏护网,尤其是果园、农田、林地等分属于不同农户管理的放养地。如不设置围网,将增加管理难度,鸡只容易造成兽害或与邻居产生矛盾。在山场和草场等面积较广阔的放养地,可不设围网,采用移动鸡舍实施分区轮牧。

放养区围网可用 1.5 ~ 2 米高的铁丝网或尼龙网,每隔 8 ~ 10 米设置一根垂直稳固于地基的木桩、水泥桩或金属管立柱。将铁丝网或尼龙网固定在立柱上,人员出入口设置宽能进出车辆的门一个。放养鸡舍(棚)前活动场周围设 2 米高的铁丝网或尼龙网,并与鸡舍(棚)相连,用于夜间护鸡。

2. 如何建造符合防疫条件的鸡舍?

为了提供傍晚补料、防风避雨、夜晚休息、避敌避害、便于防疫的场所,需要为放养鸡建造鸡舍。如果没有鸡舍,放养鸡会四处为家,到处产蛋,并且易受野兽侵害。如遇风暴急雨损失严重,也不便于补饲和防疫管理。鸡舍可以为放养鸡提供安全的休息场地,驯化好的放养鸡傍晚会自动回到鸡舍采食补料,夜晚进舍休息,方便捕捉及预防注射。因此,必须根据不同阶段鸡的生活习性,搭建合适的简易型鸡舍或简易"避难所"。

(1) 简易型棚舍 简易型鸡舍要求能挡风,不漏雨,不积水即可,材料、形式和规格因地制宜,不拘一格,但需避风、向阳、防水、地势较高,面积按每平方米能容纳 12 只鸡搭建,每个鸡舍的大小以容纳成年鸡 100 ~ 150 只为宜,多点设棚,内设栖息架,鸡舍周围放置足够的喂料和饮水设备,其配置情况与固定式鸡舍相同。

（2）**普通型鸡舍**　普通型鸡舍要求防暑保温，背风向阳，光照充足，布列均匀，便于卫生防疫，内设栖息架，舍内及周围放置足够的喂料和饮水设备，使用料槽和水槽时，每只鸡的料位为10厘米，水位为5厘米；也可按照每30只鸡配置1个直径30厘米的料桶，每50只鸡配置1个直径20厘米的饮水器。

在建筑结构上采用比较简单的方法，修建成斜坡式的顶棚，坡面向南，北面砌一道2米高的墙，东西两侧可留较大的窗户，南侧可用尼龙网或者铁丝，但必须留大的窗户，面积以16米^{2}为宜。这种鸡舍通风效果好，可以充分利用阳光；保暖性能良好，南方、北方都适用。这种鸡舍配有较大的运动场，可以建在果园里采用半开放式，鸡既可以吃果园中的昆虫及杂草，还可以为果园施肥。既有利于防病，又有利于鸡的觅食。放牧场地可设置沙坑，方便鸡洗沙浴。

（3）**塑料大棚鸡舍**　塑料大棚鸡舍就是用塑料薄膜把鸡舍的露天部分罩上，利用塑料薄膜的良好透光性和密封性，将太阳能辐射和机体自身散发的能量保存下来，从而提高棚舍内温度，能人为创造适应鸡生长的小气候，减少鸡舍不合理的热能消耗，降低鸡的维持需要，从而使更多的养分供给生产。

塑料大棚鸡舍的建造，一般棚内左侧、右侧和后侧为墙壁，前坡是用竹条、木杆和钢筋做成的拱形支架，外覆塑料薄膜，搭成三面为围墙、一面为塑料薄膜的起脊式鸡舍。墙壁建成夹层，可增强防寒、保温能力，内径在10厘米左右，建墙所需的原料是土或砖、石。后坡可用油毡、稻草、泥土等按常规建造，外面再铺一层稻草等物。一般来说，鸡舍的后墙高1.2～1.5米，脊高2.2～2.5米，跨度为6米，脊到后墙的垂直距离为4米。塑料薄膜与地面、墙的接触处，要用泥土压实，防止贼风进入。在薄膜上每隔50厘米用绳将薄膜捆牢，防止大风将薄膜刮掉。棚舍内地面可用砖垫高30～40厘米。棚舍内的南部要设置排水沟，及时排出薄膜表面滴漏的水。棚舍的北墙每隔3米设置一个1米×0.8米的窗户，在冬季封严，夏季时逐渐打开。门应设在棚舍的东侧，向外开，棚舍要设置照明设施。内设栖息架，舍内及周围放置足够的喂料和饮水设备。

（4）**封闭式鸡舍**　封闭式鸡舍一般是用隔热性能好的材料构造房顶与四壁，不设窗户。只有带拐弯的进气孔和出气孔，舍内小气候通过各种调节设备控制。这种鸡舍的优点是减少了外界环境对鸡群的影响，有利于采取先进的饲养管理技术和防疫措施，饲养密度大，鸡群生产性能稳定。

（5）**开放式网上平养无过道鸡舍**　这种鸡舍适用于土鸡育雏。鸡舍的跨度 6～8 米，南北墙设窗户。南窗高 1.5 米，宽 1.6 米；北窗高 1.5 米，宽 1 米。舍内用金属铁丝隔离成小自然间。每一自然间设有小门，供饲养员出入及饲养操作。小门的位置依鸡舍跨度而定，跨度小的设在鸡舍内南或北一侧，跨度大的设在中间，小门的宽度约 1.2 米。在离地面 70 厘米高处架设网片。

（6）**利用旧设施改造的鸡舍**　利用农舍、库房等其他设备改建鸡舍，达到综合利用，可以降低成本。必须做到通风、保温，一般旧的农舍较矮，窗户小，通风性能差，改建时应将窗户改大，或在北墙开窗，增加通风和采光。舍内要保持干燥。旧的房屋低洼，湿度大，改建时要用石灰、泥土和煤渣打造成三合土垫在室内，在舍外开排水沟。

3. 为什么要给鸡搭建临时"避难所"？

在放牧场地里，人工搭建一些简单棚架，充当鸡的"避难所"，可以让鸡在遇到雨雪、大风，或当鸡感到恐惧时在这里临时躲避，以防引起鸡群应激而得病。

4. 常用育雏工具与辅助喂养设备有哪些？

为了更好地育雏，保障雏鸡阶段无疫病发生，达成较高的育雏成绩，必须备好育雏工具和辅助喂养设备。

（1）**热风炉及煤炉**　热风炉及煤炉多用于地面育雏或笼育雏时室内加温，保温性能较好的育雏室每 15～25 米² 放 1 只煤炉。

（2）**保姆伞及围栏**　保姆伞有折叠式和不折叠式两种。折叠式保姆伞适用于网上育雏和地面育雏。伞内用陶瓷远红外线加热，伞上装有自动控温装置，省电，输热效率较高。不折叠式又分方形、长方形及圆形等。伞内热源有红外线灯、电热丝、煤气燃烧等，采用自动调节温度装置。不折叠式方形保姆伞，长宽各为 1～1.1 米，高 0.7 米，向上倾斜呈 45° 角，一般可用于 250～300 只雏鸡的保温。一般在保姆伞的外围还要加围栏，以防止雏鸡远离热源而受冷，热源离围栏 75～90 厘米。雏鸡 3 日龄后围栏逐渐向外扩大，10 日龄后撤离。

（3）**红外线灯**　红外线灯分有亮光的和无亮光的两种。生产中用的大部分是有亮光的，每只红外线灯为 250～500 瓦，灯泡悬挂距离地面 40～60 厘米，可根据育雏的需要进行调整。通常 3～4 只灯泡为一组轮流使用，每只灯泡可以保温100～150只雏鸡。料槽与饮水器不宜放在灯下。

（4）饮水器　饮水器多由顶圆桶和直径比圆筒略大的底盘构成。圆筒顶部和侧壁不漏气，基部离底盘高2.5厘米处开1～2个小圆孔。使用时，先使桶顶朝下，水装至圆孔处，然后扣上底盘反转过来。这种饮水器构造简单，使用方便，便于清洗消毒。它可以用镀锌铁皮、塑料等材料制成"V"字形或者"U"字形水槽，前者都用镀锌铁皮制成，但使用寿命短，容易腐蚀。也可以用大口玻璃瓶等制作，取材方便，容易推广。现在多用塑料制成的吊塔式饮水器，不仅解决了上述问题，且使用方便，便于清洗，寿命长。

乳头式自动饮水器是由阀芯与触杆组成，直接同水管相连，由于毛细管的作用，触杆端部经常悬着一滴水，鸡需要饮水时，只要啄动触杆，水即流出。鸡饮水完毕，触杆将水路封住，水即停止外流。这种饮水器安装在鸡头上方处，让鸡抬头喝水。安装时要随鸡的大小改变高度，可以安装在鸡笼内，也可以安装在鸡笼外。

（5）断喙器　断喙器型号较多，用法不尽相同。采用红热烧切，既断喙又止血，断喙效果好。断喙器主要由调温器、变压器与上刀片、下刀口组成。它用变压器将200伏交流电压变成低压大电流，使得刀片的工作温度在820℃以上，刀片的红热时间不超过30秒，消耗功率为70～140瓦，输出功率可以调节，以适应不同日龄雏鸡断喙的需要。

（6）饲槽　饲槽是养鸡的一种重要设备，因鸡的大小、饲养方式不同对饲槽的要求也不同，但无论哪种类型的饲槽，均要求平整光滑，采食方便，不浪费饲料，便于清刷消毒。制作材料可选用木板、镀锌铁皮及硬质塑料等。开食盘，用于1周龄前的雏鸡，大都是由塑料和镀锌铁皮制成。船形饲槽多在平养与笼养普遍使用，长度依据鸡笼而定。在平面放养的条件下，饲槽的长度为1～1.5米，为防止鸡踏入槽内将饲料弄脏，可以在槽上安上转动的横梁。干粉料桶，包括一个无底圆桶和一个直径比圆桶略大的短链相连，可以调节桶与底盘之间距离。

（7）鸡笼　分产蛋鸡笼和育成鸡笼。

产蛋鸡笼：笼架是承受笼体的支架，由横梁和斜撑组成。笼体是由冷拔钢丝电焊而成，包括顶网、低网、前网、后网、隔网和笼门。一般前网和顶网压制在一起，后网和低网压制在一起，隔网为单片网，笼门作为前网或顶网的一部分，有的可以取下，有的可以上翻。笼底网要有一定的坡度，一般为6°～10°，伸出笼外12～16厘米，形成集蛋箱。附属设备护蛋板为一条镀锌薄铁皮，置于笼内前下方，鸡头可以伸出笼外啄食。

育成鸡笼：也称青年鸡笼，主要用于青年母鸡，一般采取群体饲养。其笼体组合方式多采用 3～4 层半阶梯式或单层平置式。笼体由前网、后网、顶网、底网和隔网组成；每个大笼隔成 2～3 个大小不等的小笼，笼体高为 30～35 厘米，笼深为 45～50 厘米，大笼长度一般不超过 2 米。

5. 为什么要在鸡舍内搭栖架？

鸡有高栖过夜的习性，每到天黑之前，总想在鸡舍内找个高处栖息。假设没有栖架，个别的鸡会飞在高处过夜，多数拥挤在一角栖伏在地面上，对鸡的健康不利，容易感染寄生虫病等疫病。由此，在舍内后部应设有栖架。栖架主要有两种形式：一种是将栖架做成梯子形靠立在鸡舍内，叫立式栖架；另一种是把栖架钉成横格形，摆放在鸡舍内，叫平式栖架。相比之下。平式栖架前低后高，不但便于鸡只上下活动，而且比较完整，便于管理。目前鸡舍多采用平式栖架。具体做法是：栖架由数根栖木构成，栖木大小应视每间舍内鸡数而定，每只鸡占有栖木位置因品种不同稍有差异，一般为 10～20 厘米，最里边一根栖木距墙 30 厘米，栖木间距不少于 30 厘米。栖架用 4 厘米 ×2.5 厘米的木条钉制，上部表面制成半圆形，以利于鸡爪抓着木条栖息。栖架应定期清洗、消毒，防止形成"粪钉"，影响栖息或造成趾瘤。栖架应做成能活动的，即最里边一根与柱腿成轴的关系，白天能折起来靠在墙上或吊到棚上，这样可以增加鸡的活动面积，也便于养殖人员打扫卫生。

6. 如何布置产蛋窝？

给蛋用型鸡或肉蛋兼用型鸡布置产蛋窝，可以让鸡安静产蛋，防止产蛋时遭受应激，影响产蛋和健康。

产蛋窝的多少、规格、位置等，对鸡的产蛋行为和鸡蛋的外在质量有较大影响。规格一般为宽 30 厘米、高 37 厘米、深 37 厘米，前面为产蛋鸡出入口。产蛋窝可用砖瓦结构，可搭建 2～3 层，最底层距离地面 0.3 米。产蛋窝应建于避光安静处，分布要均匀，放置应与鸡舍纵向垂直，即产蛋窝的开口面向鸡舍中央。

产蛋窝数量少，容易造成争窝现象，久而久之使争斗的弱者离开而到窝外寻找产蛋处。因此，配备足够数量的产蛋窝很有必要。由于鸡的产蛋率较现代鸡种低，产蛋时间较分散，可 4～5 只母鸡配备 1 个产蛋窝，但要根据实际情况确定。开产时窝内放入少许麦秸或稻草，并放入一空蛋壳或蛋形物以引导产蛋鸡在此产蛋。

冬季由于温度低，鸡的能量相当一部分被用于抗寒消耗，这也是产蛋低的主要原因之一。鸡产蛋最佳的温度为 18 ～ 26℃，而且还要避免温度大幅度的波动。因此冬季最好采用室内饲养，并采取各种有效手段来保持鸡舍稳定的温度，这是保证高产、稳产的措施。

鸡在进入产蛋期对外界的声音极为敏感。人员走动、打扫鸡舍、异常声音都可推迟或减少产蛋。因此在每天产蛋的高峰时间 9—14 时一定要保持养殖场的安静，停止一切鸡舍的活动，谢绝大批人员参观，连饲养员及衣服都要固定，所有的疫苗必须在开产前 1 个月使用完成，减少密度并固定鸡群，绝对禁止搬动、惊群。这些极易被人们忽视，但影响甚大。

大量的实践证明，要实现生态鸡高产，必须为其提供优良的生长繁殖环境，主要要做好鸡舍的清洁卫生，保证鸡舍干爽、不潮湿、无鸡粪、无臭味，这样最大限度地减少或消除各种病原微生物对繁殖期生态鸡的侵害，保证其健康强壮、多产蛋。

7. 生态养鸡如何防盗？需要哪些防盗设备？

生态鸡场地面广阔，鸡舍和鸡群分散，安全管理的难度相对较大，时常发生鸡只被盗事件，给养殖户造成严重损失。

（1）别怕辛苦，人工巡防　加强鸡场管理，夜间值班巡防，尤其到了秋后鸡将要上市的时候，更应加强防范，夜间轮班巡防，雷雨、大风之夜戒备被盗。

（2）布置防盗设施　在养殖场地周围建设较为牢固的铁丝围栏能起到一定的防盗作用，平时要注意维护，及时修补漏洞破损。

（3）鸡鹅混养，养鹅预警护鸡　鹅的天性勇敢好斗，见到陌生入侵者会鸣叫示警，甚至上前啄咬，管理人员听到鹅的叫声应立即前往查看。每养 500 只鸡，就要配养 5 只白鹅，这样有很好的防盗、防兽害作用。

（4）现代最为方便的就是安装无线防盗报警装置　在需要防范的区域安装好探测器，如果有盗贼进入探测器的防范区域，探测器会立即发出报警信号，管理人员听到刺耳的警报声后，区分不同的报警防区，快速判断入侵方位。该种报警装置探测距离远，报警方位及时准确，采用密码无线传输，安全性强，可靠性高。

8. 诱虫设备有哪些?

生态养鸡管理中,时常用诱虫法引诱昆虫供鸡捕食。常用的诱虫法有灯光诱虫法和性激素诱虫法。

(1)黑光灯 灯光诱虫投入低,操作简便易行。利用黑光灯诱虫是生产中最常见的做法。黑光灯主要由黑光灯灯管及附件(整流器、继电器和开关)、防雨罩、挡虫板、收虫器、灯架等组成。目前有 5 类黑光灯:普通黑光管灯(20 瓦)、频振管灯(30 瓦)、节能黑光灯(13 ~ 40 瓦)、双光汞灯(125 瓦)和纳米汞灯(125 瓦)。20 瓦的黑光管灯和 30 瓦的频振管灯,在黑暗环境下有效诱集半径为 100 米;13 ~ 40 瓦的节能黑光灯的有效诱集半径为 50 ~ 120 米;125 瓦的双光汞灯的有效诱集半径为 100 ~ 150 米;125 瓦的纳米汞灯有效诱集半径约 200 米。纳米汞灯能发出一种人眼看不见而昆虫能明亮看见和最敏感的电磁波,呈暗弱紫色。能把 200 米以外的夜行昆虫诱来,捕诱害虫种类多,可达 1 000 多种。

使用时要注意安全用电,可将黑光灯吊在离地面 1.5 ~ 2 米高的地方,安装牢固。一般每隔 200 米设置一盏。昆虫扑灯时间集中,多数昆虫一夜仅有 1 个扑灯高峰,多数出现在下半夜。在晚上 20 点到 24 点开灯,诱虫效果最好。遇风雨天气,可不开灯。

(2)诱虫盒 性激素诱虫法可利用人工方法制成的雌性昆虫性激素信息剂,诱使雄性成虫交配,在雄性成虫飞来后掉入盛水的诱杀盆中被淹死,成为鸡的饲料。一般每亩放置 1 ~ 2 个性激素诱虫盒,30 ~ 40 天更换 1 次。性激素诱虫效果受性激素信息剂的专一性、昆虫田间密度、昆虫可嗅到性诱剂的距离、诱虫当时的风速、温度等环境因素的影响。

9. 鸡场内如何架设风力发电设备?

太阳辐射的能量在地球表面约有 2% 转化为风能,风是没有公害的能源之一。对于缺水、缺燃料和交通不便的草原牧区、山区和高原地带,因地制宜利用风力发电非常适合。风力发电所需要的装置,称为风力发电机组。300 瓦和 500 瓦风力发电机的参数指标见表 3-1。

表 3-1　300 瓦和 500 瓦风力发电机的参数指标

型号	额定功率（瓦）	额定电压（DV-V）	风轮直径（米）	叶片数目（片）	额定转数（转/分）	工作风速范围（米/秒）	塔架高（米）
FD-300W	300	28	2.5	3	400	3～30	5.5
FD-500W	500	28	2.7	3	400	3～30	5.5

第四章 选择优质抗病鸡品种和个体

1. 生态养鸡如何选择抗病鸡品种?

选择良好的抗病鸡品种养殖，能够切实提高生态养鸡收益。

（1）适应性好 生态养鸡首先应选择适应性强的品种，放养模式下，野外的环境多变，温度、湿度、光照、风雨时常变幻，应激反应大，容易染病。因此，要选择适应性强的鸡，以有效降低伤亡率。

草原、果林、农田、竹林等环境存在不同差异，养殖品种及方法都会有所不同。中国的土鸡品种较多，土鸡对当地环境通常具备较好的适应能力，建议养殖者从当地选择较为优秀的土鸡品种养殖。其次尽量选择肉蛋兼用型鸡种，或者是有其他效益的鸡种，如乌鸡、绿壳蛋鸡等，才能有效提高养殖收益。

（2）觅食能力强 生态鸡放在野外不比圈养那么容易获得食物，所以生态鸡的觅食性就很重要了。如生态鸡可觅食草籽、昆虫等，这样一方面可以节约饲料，另一方面也可以让鸡肉更好吃，营养成分更高。所以在生态鸡雏鸡的选择上应选择自我觅食能力比较强的，这样的话才可以更好地在野外寻找更多的食物。

（3）选择适销对路的品种 南方人喜欢吃三黄鸡，而北方人喜欢吃黑爪的鸡；有的地方喜欢吃老母鸡，有的地方喜欢吃老公鸡。要根据当地的消费习惯，合理选择养殖品种，以求产品适销对路。

（4）找正规鸡场 不少养殖生态鸡的场户都是去鸡场购买鸡苗，这一点是很正确的，不过一定要注意，在购买生态鸡雏鸡的时候一定要选择正规的鸡场，不要贪图小便宜。如果买回来的雏鸡健康的话，在生态鸡养殖后期基本不怎么生病或者生病后很容易痊愈。除健康的基础外，还要多关注产肉或者产蛋较好的鸡苗，这样可以一定程度上增加养殖效益。

2. 如果想饲养蛋用型生态鸡，选什么品种好?

（1）仙居鸡　又称梅林鸡，是浙江省优良的小型蛋鸡地方品种。主要产于浙江省仙居县及邻近的临海、天台、黄岩等县。仙居鸡历来饲养粗放，主要靠放牧，野外自由觅食，因此体格健壮，适应性强。

仙居鸡结构紧凑，体态匀称，全身羽毛紧密贴体，尾羽高翘，背平直，骨骼纤细。仙居鸡有黄、黑、白3种羽色，黑羽体型最大，黄羽次之，白羽略小。目前资源保护场在培育的目标上，主要是黄羽鸡种的选育。黄羽鸡种羽毛紧凑，尾羽高翘，体型健壮结实，单冠直立，喙短，呈棕黄色，胫黄色无毛。部分鸡只颈部羽毛有鳞状黑斑，主翼羽红夹黑色，镰羽和尾羽均呈黑色。虹彩多呈橘黄色，皮肤白色或浅黄色。成年公鸡羽毛主要是黄色，梳羽，蓑羽色较浅有光泽，主翼羽红夹黑色，镰羽和尾羽均黑。成年母鸡羽毛色较杂，以黄色为主，尚有少数白羽、黑羽。雏鸡绒羽黄色，但深浅不同，间有浅褐色。

仙居鸡生长速度中等、个体小，属早熟品种，早期增重慢，180日龄公鸡体重约为1 256克，母鸡体重约为953克，接近成年鸡的体重，半净膛屠宰率公鸡为85.3%，母鸡为85.7%；全净膛屠宰率公鸡为75.2%，母鸡为75.7%。在放牧饲养条件下，公鸡90日龄体重可达1.5千克，母鸡120日龄可达1.3千克，平均料肉比为3.2∶1，饲养成活率在98%以上，商品鸡合格率在96%以上。

开产日龄150～180天，一般饲养条件下年产蛋160～180个，高产的鸡达200个以上，平均蛋重42克左右；就巢母鸡一般占鸡群10%～20%；成年母鸡体重1.25千克；蛋壳以浅褐色为主。因体小而灵活，配种能力较强，可按公母鸡1∶（16～20）配种。

（2）济宁百日鸡　济宁百日鸡原产于山东济宁市，属蛋用型品种。

济宁百日鸡体型小而紧凑，背部呈"U"字形。头型多为平头，凤头仅占10%。母鸡毛色有麻、黄、花等羽色，以麻鸡为多。麻鸡头颈羽麻花色，其羽面边缘金黄色，中间为灰色或黑色条斑，肩部和翼羽多为深浅不同的麻色。公鸡羽色较为单纯，红羽公鸡约占80%，次之为黄羽公鸡，杂色公鸡甚少。单冠，公鸡冠高直立，冠、脸、肉垂鲜红色。脚主要有铁青色和灰色两种。皮肤多为白色。

初生重为29.63克，成年体重公鸡约为1.32千克，母鸡约为1.23千克。

屠宰测定：6.5月龄公鸡半净膛屠宰率为77.3%，母鸡为84%，公鸡全净膛屠宰率为57.7%，母鸡为63.8%。少数个体100天就开产，称为"百天鸡"，开产日龄146天。年产蛋130～150枚，部分产蛋达200个以上。平均蛋重为42克，蛋壳颜色为粉红色。

（3）白耳黄鸡　白耳黄鸡原产于江西省广丰县，属蛋用型地方鸡种。

白耳黄鸡体型较小、匀称，后躯宽大。全身羽毛黄色，大镰羽不发达，呈黑色并有绿色光泽，小镰羽呈橘红色。喙略弯，呈黄色或灰黄色，部分上喙端部呈褐色。单冠直立，冠齿4～6个，呈红色。肉髯呈红色。耳叶呈银白色，耳垂大，似白桃花瓣。虹彩呈金黄色。胫、皮肤均呈黄色，无胫羽。其典型特征为"三黄一白"，即黄羽、黄喙、黄脚、白耳。

成年公鸡体躯呈船形，肉髯软、薄而长，虹彩呈金黄色；头部羽毛短，呈橘红色；颈羽深红色，大镰羽不发达，呈墨绿色，小镰羽呈橘红色。成年母鸡体躯呈三角形，结构紧凑，肉髯较短，眼大有神，虹彩呈橘红色，全身羽毛呈黄色；少数母鸡性成熟后冠倒伏；冠、肉髯呈红色。雏鸡绒毛呈黄色。

白耳黄鸡平均152日龄开产，300日龄平均产蛋数117个，500日龄平均产蛋数197个。300日龄平均蛋重54克。公、母鸡配比1∶（12～15），种蛋受精率93%，受精蛋孵化率89%。公鸡110～130日龄性成熟，公、母鸡利用年限1～2年。母鸡就巢性弱，就巢率约15.4%，就巢时间短，长的20天、短的7～8天。

3. 如果想饲养肉用型生态鸡，可选择什么品种?

（1）河田鸡　产于福建省长汀、上杭两县。属于肉用型品种。

河田鸡体近方形，有"大架子"（大型）与"小架子"（小型）之分。雏鸡的绒羽均深黄色喙、胫均黄色。成年鸡外貌较一致，单冠直立，冠叶后部分裂成叉状冠尾。皮肤肉白色或黄色，胫黄色。公鸡喙尖呈浅黄色。头部梳羽呈浅褐色，背、胸、腹羽呈浅黄色，蓑羽呈鲜艳的浅黄色，尾羽、镰羽黑色有光泽，但镰羽不发达。主翼羽黑色，有浅黄色镶边。母鸡羽毛以黄色为主，颈羽的边缘呈黑色，似颈圈。

成年体重公鸡为（1 725.0±103.26）克，母鸡为（1 207.0±35.82）克，初生重公鸡约为30.7克，母鸡约为29.6克。120日龄屠宰测定：公鸡半净膛屠宰率为85.8%、母鸡87.08%；全净膛屠宰率公鸡为68.64%，母鸡70.53%。开产日龄180天左右，年产蛋100枚左右，平均蛋重为42.89克，蛋壳以浅褐色为主,少数灰白色,蛋形指数 1.38。

(2)溧阳鸡 是江苏省西南丘陵山区的著名鸡种,当地亦以"三黄鸡"或"九斤黄"称之。

溧阳鸡属肉用型品种。体型较大,体躯呈方形,羽毛以及喙和脚的颜色多呈黄色。但麻黄色、麻栗色者亦甚多。公鸡单冠直立,冠齿一般为 5 个,齿刻深。母鸡单冠有直立与倒冠之分,虹彩呈橘红色。

成年体重公鸡约为 3 850 克,母鸡约为 2 600 克。屠宰测定:公鸡半净膛屠宰率为 87.5%,母鸡 85.4%;全净膛屠宰率为公鸡 79.3%,母鸡 72.9%。开产日龄为(243±39)天,500 日龄产蛋为(145.4±25)枚,蛋重为(57.2±4.9)克,蛋壳褐色。

(3)惠阳胡须鸡 原产地为广东东江和西枝江中下游沿岸的惠阳、博罗、紫金、龙门和惠东等县,属中型肉用品种。

惠阳胡须鸡体型中等,胸深背宽,胸肌发达,后躯丰满。喙粗短,呈黄色。单冠直立,冠齿 6~8 个,呈红色。耳叶呈红色。虹彩呈橙黄色。颌下有发达的胡须状髯羽,无肉垂或仅有一些痕迹。胫、皮肤均呈黄色。公鸡背部羽毛呈枣红色,颈羽、鞍羽呈金黄色,主尾羽多呈黄色,有少量黑色,镰羽呈墨绿色,有光泽。母鸡全身羽毛呈黄色,主翼羽和尾羽有些呈黑色。雏鸡全身绒毛呈黄色。

惠阳胡须鸡成年体重公鸡为(2 228.40±38.78)克,母鸡为(1 601.00±31.20)克。屠宰测定:母鸡(将要开产的肥育母鸡)半净膛为 84.8%,全净膛为 75.6%;公鸡 150 天半净膛为 87.5%,全净膛为 78.7%。开产日龄为 115~200 天,年平均产蛋 98~112 枚,平均蛋重为 45.8 克,壳厚 0.3 毫米,蛋形指数 1.3,壳色呈浅褐色。

(4)怀乡鸡 原产地为广东省信宜市怀乡镇。具有耐粗饲、觅食性好、抗病力强等优点,对环境条件要求不高,适宜气温为 0~35℃,在南方任何地方都可以饲养,对环境的适应性极强。

怀乡鸡按体型可分为大型与小型两种。喙呈黄褐色。单冠直立,冠齿 5~7 个,冠、耳叶、肉髯均呈红色。虹彩呈橙红色。胫呈黄色。公鸡羽色鲜艳,全身羽毛黄色,头、颈部羽毛呈金黄色,主翼羽和副主翼羽呈黑色或带黑点,尾羽有短尾羽和长尾羽两种类型。长尾羽公鸡的大镰羽长而弯,呈墨绿色,有金黄色镶边;短尾羽公鸡没有大镰羽,只有一些主尾羽。母鸡羽毛多为全身黄色,主翼羽和尾羽呈黑色或部分黑色,少数肩羽有黄白相间的花纹。雏鸡绒毛呈黄色。

成年怀乡鸡体重：公鸡约为 1 770 克，母鸡约为 1 720 克。屠宰率：半净膛，公鸡 82.4%，母鸡 84.1%；全净膛，公鸡 73.8%，母鸡 72.9%。怀乡鸡具有骨脆、肉嫩、味香、三黄（羽毛黄、皮黄、脚黄）、美观、脂肪含量低等优点，为高级酒楼和追求健康人士的第一选择。母鸡开产日龄 150～180 天，一般母鸡年产蛋约 80 个，蛋重 43 克，蛋壳呈浅褐色。

（5）桃源鸡 俗称桃源大种鸡，属肉用型地方品种。桃源鸡原产地为湖南省桃源县。

桃源鸡体型高大，体质结实，胸较宽，背稍长。喙为黑褐色。单冠居多，冠齿 5～8 个，极少数玫瑰冠，冠和肉髯呈红色。皮肤白色居多，极少数呈黑色。胫呈黑褐色。公鸡头颈高昂，尾羽上翘，侧视呈"U"字形。体羽多为金黄色，主翼羽和尾羽呈黑色，颈的基部间有黑羽。肉垂较发达，呈卵圆形。虹彩呈金黄色。无趾羽。母鸡体躯较长，羽毛蓬松，略呈楔形。羽色以浅黄色居多，麻羽次之，黑羽较少。黄羽鸡多数在颈羽、翼羽和尾羽处有黑色斑点。虹彩呈橙黄色。极少数个体一侧或两侧有趾羽。

雏鸡有黄羽、麻羽和黑羽之分，黄羽雏鸡绒毛为淡黄色；麻羽雏鸡背部有两条棕黄与褐黑相间的带状花纹，背部、颈下和腹部呈浅白色；黑羽雏鸡全身绒毛大多黑色，部分个体头、颈、背部为黑色，脸部、腹部呈白色。

桃源鸡成年体重公鸡约为 3 342 克，母鸡约为 2 940 克。屠宰测定：24 周龄半净膛公鸡为 84.9%、母鸡为 82.06%；全净膛公鸡为 75.9%，母鸡为 73.56%。开产日龄平均为 195 天，500 日龄平均产蛋（86.18±48.57）枚，平均蛋重为 53.39 克，蛋壳浅褐色，蛋形指数 1.32。

（6）武定鸡 属肉用型品种，体型高大。

武定鸡体型有大、小之分。大型鸡体型高大，骨骼粗壮，胫较长，肌肉发达，体躯宽而深，头尾昂扬，步态有力，由于全身羽毛较蓬松，更显得粗大；小型鸡体型中等，背宽平，头颈昂扬高翘，全身羽丰满。头型多平头、凤头。喙黑色。多单冠，红色，直立，前小后大，有极少数鸡为玫瑰冠，大型公鸡多数有冠齿 7～9 个，小型公鸡、母鸡的锯齿多而大小不一。肉髯、耳叶红色，有部分乌骨鸡的耳叶紫红并带绿色。虹彩以橘红色最多，黄褐色次之。大型公鸡羽毛多呈赤红色，有光泽，而母鸡的翼羽、尾羽全黑，体躯、其他部分则披有新月形条纹的花白羽色；小型鸡毛色颇不一致，公鸡仍以赤红色居多，母鸡仍以麻栗色居多。皮肤白色，有部分为乌黑色。胫黑色，分有毛、无毛两种，有毛的整个腹部直到趾都长满羽毛，俗称"穿裤子鸡"，多数是大型鸡。武定鸡属慢羽型，120～150日龄体重达1 000克时才出现尾羽。此前，胸、背和腹部的皮肤常裸露在外，俗称"光秃秃鸡"或"精轱辘鸡"。

武定鸡大型鸡平均体重：30日龄公鸡265克，母鸡250克；90日龄公鸡676克，母鸡479克；180日龄公鸡1 680克，母鸡1 355克；成年公鸡3 500克，母鸡2 500克。小型鸡平均体重：成年公鸡2 500克，母鸡1 800克。150日龄大型公鸡平均半净膛屠宰率85.00%，平均全净膛屠宰率77.00%；成年大型母鸡平均半净膛屠宰率85.40%，平均全净膛屠宰率80.70%；150日龄小型公鸡平均半净膛屠宰率77.30%，平均全净膛屠宰率57.70%；成年小型母鸡平均半净膛屠宰率74.20%，平均全净膛屠宰率51.10%。

6月龄以后开产，一般产蛋14～16个即就巢，年就巢4～6次，每次6～20天，有的达1月之久，影响产蛋量。估计年产蛋量为90～130个。平均蛋重为50克。蛋壳浅褐色。蛋形指数为1.27。

（7）清远麻鸡　属肉用型地方品种。原产地为广东省清远市，中心产区为清远市所属北江两岸，周边市（县）也有少量分布。

清远麻鸡的特征可概括为"一楔、二细、三麻身"："一楔"指母鸡体型呈楔形，前躯紧凑，后躯圆大；"二细"指头细、脚细；"三麻身"指母鸡背羽有麻黄、褐麻、棕麻3种颜色。喙呈黄色。单冠直立，冠齿5～6个，呈红色。肉髯呈红色。虹彩呈橙黄色。胫、皮肤均呈黄色。

公鸡头大小适中，颈、背部的羽毛呈金黄色，胸羽、腹羽、尾羽及主翼羽呈黑色，肩羽呈枣红色。母鸡头细小，头部和颈部上端的羽毛呈深黄色，背部羽毛有黄、棕、褐三色，有黑色斑点，形成黄麻、棕麻、褐麻3种。主翼羽和副羽的内侧呈黑色，外侧有麻斑，由前至后变淡而麻点逐渐消失。雏鸡背部绒毛呈灰棕色，两侧各有一条白色绒毛带。

以放牧为主时，其生长较快，公鸡在120日龄活重为1.25千克，母鸡活重为1千克。但在圈养低蛋白水平饲养情况下，生长速度较低，120日龄公鸡体重1 040克，母鸡830克，要到180天才能达到肉鸡上市标准。

农家饲养的清远麻鸡在自然孵化情况下，年产蛋4～5窝，每窝12～15枚，少则8～10枚，年产蛋平均78枚，高的可达120枚。成年母鸡蛋重平均为46.55克，蛋长轴平均为5.07厘米，短轴平均为3.88厘米，长短轴比例为1.31。蛋壳可分为米黄色和乳白色两种，但以米黄色居多。

（8）杏花鸡　又称米仔鸡，属肉用型地方品种。原产地为广东省封开县杏花乡，近年来江苏、北京等地也有少量分布。

杏花鸡结构匀称，被毛紧凑，前躯窄、后躯宽，体型似"沙田柚"。其外貌特征可概括为"两细（头细、脚细）、三黄（羽黄、脚黄、喙黄）、三短（颈短、体躯短、腿短）"。单冠直立，冠、耳叶、肉髯均呈红色。虹彩呈橙黄色。公鸡头大，冠大，羽毛呈黄色，略带金红色；主翼和尾羽有黑羽。母鸡头小，喙、颈、腿短，羽毛呈黄色或淡黄色，颈基部有黑斑点（称为"芝麻点"），形似项链；主翼羽和副翼羽的内侧多呈黑色，尾羽多数有几根黑羽。雏鸡全身绒毛呈淡黄色。

杏花鸡成年公鸡体重、体斜长、胸宽、胸深、胫长分别约为：1 950 克、20.7 厘米、31.9 厘米、9.5 厘米、7.3 厘米，成年母鸡分别约为：1 590 克、17.4 厘米、28.9 厘米、8.5 厘米、6.1 厘米。杏花鸡早期生长缓慢，羽毛生长速度较快，在农村放养和自然孵化条件下，年产蛋量为 4～5 窝，共 60～90 个。在群养及人工催醒的条件下，年平均产蛋量为 95 个。蛋重为 45 克左右。蛋壳褐色。杏花鸡属肉质特佳的优良地方品种之一。但尚存在产蛋量少、繁殖力低、早期生长缓慢等缺点。

（9）广西三黄鸡 属肉用型地方品种。广西三黄鸡原产地为广西壮族自治区桂平麻垌与江口、平南大安、岑溪糯洞、贺州信都。

广西三黄鸡体躯短小，体态丰满。喙黄色，有的前端为肉色渐向基部呈栗色。单冠直立，冠齿 5～8 个，呈红色。耳叶呈红色。虹彩呈橘黄色。皮肤、胫呈黄色或白色。公鸡羽毛呈绛红色，颈羽色泽比体羽稍浅，翼羽带黑边，主尾羽与镰羽黑色。母鸡羽毛黄色，主翼羽和副翼羽带黑边或呈黑色，少数个体颈羽有黑色斑点或镶黑边。雏鸡绒毛呈淡黄色。

平均体重 30 日龄公鸡 200 克，母鸡 195 克；60 日龄公鸡 445 克，母鸡 425 克；90 日龄公鸡 725 克，母鸡 703 克；120 日龄公鸡 100 克，母鸡 989 克；成年公鸡 2 050 克，母鸡 1 600 克。143 日龄公鸡平均半净膛屠宰率 84.31%，母鸡 85.50%；143 日龄公鸡平均全净膛屠宰率 75.77%，母鸡 76.89%。

母鸡平均开产日龄 165 天，早者 135 天。平均年产蛋 77 枚，平均蛋重 41 克。平均蛋形指数 1.32。蛋壳浅褐色。公鸡性成熟期 90～120 天。公、母鸡配种比例 1：（10～12）。平均种蛋受精率 86%，平均受精蛋孵化率 71%。公、母鸡利用年限 1～2 年。

（10）文昌鸡 因产自海南文昌故名文昌鸡，是海南省地方优良肉用型地方优良品种，体型紧凑、匀称，呈楔形。具有头小、脚小、颈小"三小"，颈短、脚短"二短"的特征，具有觅食能力强、耐粗饲、耐热、早熟等特点。

文昌鸡公鸡羽毛呈枣红色，颈部有金黄色环状羽毛带，主、副翼羽呈枣红色或暗绿色，尾羽呈黑色，并带有墨绿色光泽。母鸡羽毛多呈黄褐色，部分个体背部呈浅麻花，胸部羽毛呈白色，翼羽有黑色斑纹。少数鸡颈部有环状黑斑羽带。雏鸡绒毛颜色较杂，其中以淡黄色居多，少数头部或背部带有青黑色条纹。

文昌鸡肉质鲜嫩，肉香浓郁，特别是屠体皮肤薄，毛孔细，肌内脂肪含量高，皮下脂肪含量适中。文昌鸡母鸡平均 120 ～ 126 日龄开产，平均产蛋率82.9%，产蛋高峰期在 23 周龄。500 日龄产蛋数 120 ～ 150 个，平均蛋重为 44 克，蛋壳白色、浅褐色。蛋壳厚度为 0.36 毫米。

（11）长汀河田鸡　因主产于福建长汀县河田镇而得名，素有"世界五大名鸡""名贵珍禽"之美誉。长汀河田鸡含蛋白质多、脂肪适宜、肉质细嫩、皮薄柔脆、肉汤清甜；嘴、脚、皮呈黄色，颈、翅膀和尾巴的羽毛呈黑色，其他地方的羽毛金黄发亮；具有较高的营养价值，含有丰富蛋白质和人体必需的 11 种氨基酸。

长汀河田鸡完全符合优质黄羽肉鸡的特点，其体型有大小类型之分。全身羽毛皮肤与胫部均黄色，羽毛以浅黄色为主，尾羽与镰羽为闪亮的黑色，镰羽很短，主翼羽为镶有金边的黑色，喙的基色为褐色而喙尖则浅黄。头部清秀，颈较短粗，腹部满，胫长适中，体型略呈方形。河田鸡的冠型甚为特殊，为单冠直立后分叉。这种分叉的冠型自雏鸡孵出时就已形成，遗传性稳定，在其他鸡种中是没有的。

"三黄、三黑、三叉冠"是河田鸡的典型外貌特征，特别是三叉冠，即单冠直立后分叉（动物遗传学称为角冠）为河田鸡的特有。河田鸡的皮肤与胫部均为黄色，喙的基色为褐色而喙尖则浅黄，尾羽与镰羽为闪亮的黑色，主翼羽为镶有金边的黑色，鸡冠为单冠直立后部自然分叉。

河田鸡成年公鸡体重 1.73 千克，母鸡体重 1.21 千克。120 日龄半净膛屠宰率，公鸡为 85.6%，母鸡为 87.1%；全净膛屠宰率，公鸡为 68.6%，母鸡为 70.5%。母鸡 180 日龄左右开产，年产蛋量 100 个左右，蛋重为 43 克，蛋壳以浅褐色为主，少数灰白色。公母配种比例为 1 :（10 ～ 15）；种蛋受精率90%，入孵蛋孵化率为 67.75%。

4. 肉蛋兼用型的生态鸡，什么品种好？

（1）江汉鸡　源于湖北省江汉平原上的柴鸡，属地方优良蛋肉兼用型品种。具有适应能力强，耐粗饲，肉质细嫩、味美等特点。

江汉鸡体型矮小，身长胫短，后躯发育良好，尾羽多斜立，侧视呈楔形，羽毛紧凑，外貌清秀。性情活泼，善于觅食，易受惊，能高飞。单冠，冠齿6～8个。冠、肉髯、耳叶鲜红色。虹彩呈橙红色。公鸡头较大，体躯长方形；冠基较厚，直立；肩背羽毛多为金黄色，瑶羽发达，呈黑色，发绿光。母鸡头较小，体躯椭圆形；冠基较薄，有时倒向一侧，羽毛黄麻色或褐麻色。胫、趾黄色或青色，无胫羽。

成年公鸡平均体重1 750克，母鸡1 330克。180～240日龄公鸡平均全净膛屠宰率67.82%，母鸡71.35%。母鸡平均开产日龄238天。平均年产蛋153枚，平均蛋重44克。蛋壳褐色，少数白色。公鸡平均性成熟期92天。母鸡全年就巢1～2次，每次持续3～20天，少数可达30天。

（2）边鸡（右玉鸡）　边鸡是一个蛋重大、肉质好、适应性强、耐粗抗寒的优良肉蛋兼用型地方鸡种。产于内蒙古自治区与山西省北部相毗连的长城内外一带，因当地人民视长城为"边墙"，所以称这一鸡种为边鸡（在山西省也称为右玉鸡）。

边鸡体型中等，身躯宽深，体躯呈元宝形。胸部发达，肌肉丰满，背平而宽，胫长且粗壮。全身羽毛蓬松，绒羽较密。喙短粗略向下弯，以黑色、褐色、黄色居多。冠型有单冠、玫瑰冠、豆冠、毛冠，以单冠、玫瑰冠居多。公鸡冠较小，有明显的"S"状弯曲，色鲜红。眼大有神，虹彩呈红色或黑红色。脸、肉髯、耳叶均呈红色。脸部较清秀，着生有长短不一的细羽。公鸡羽色红黑或黄黑，少数黄白色和白灰色。母鸡羽色多种，有白、灰、黑、浅黄、麻黄、红灰和杂色，其中黄麻羽色又分为深褐、浅褐、红黄和麻黄。公鸡的主尾羽不发达，母鸡的尾羽短而上翘。胫部有发达的胫羽，胫多呈青色、黑色，少数呈肉色、灰色。

成年公鸡平均体重1 825克，母鸡1 505克。成年公鸡平均半净膛屠宰率79.0%，母鸡74.0%；成年公鸡平均全净膛屠宰率73.0%，母鸡67.5%。

边鸡母鸡平均开产日龄240天。平均年产蛋101枚，平均蛋重63克，高者达96～104克。平均蛋壳厚度0.39毫米。蛋壳深褐色，少数褐色或浅褐色。

（3）**北京油鸡（宫廷黄鸡）**　属蛋肉兼用型地方品种。原产于北京城北侧安定门和德胜门的近郊一带，其邻近地区海淀、清河等也有一定数量的分布。

北京油鸡因具有外观奇特、肉质优良、肉味浓郁的特点，故又称宫廷黄鸡。北京油鸡具有抗病力强，成活率高，易于饲养的特点，是目前土蛋鸡养殖的更新换代品种，养殖开发潜力巨大。现为国家级重点保护品种和特供产品，北京市特色农产品开发的重点。

北京油鸡体型中等，羽色分赤褐色和黄色，其中羽毛呈赤褐色（俗称紫红毛）的鸡，体型较小；羽毛呈黄色（俗称素黄毛）的鸡，体型略大。北京油鸡头较小，喙黄色，尖部褐色，单冠，冠小而薄，在冠的前段常形成一个小的"S"状褶曲，冠齿不甚整齐。凡具有髯羽的个体，其肉垂很少或全无。冠、肉髯、耳叶、脸红色。少数个体分生五趾。眼较大，虹彩呈棕褐色。冠羽、髯羽很明显，部分油鸡冠羽大而蓬松，常遮住视线。成年鸡的羽毛厚密而蓬松。公鸡的羽色鲜艳光亮，头部高昂，尾羽多呈黑色。母鸡头、尾微翘，腹部略短，体态墩实，尾羽与主翼羽、副翼羽中常夹有黑色或以羽轴为中界的半黑半黄的羽片。公、母鸡均有冠羽和胫羽，部分个体兼有趾羽，不少个体的颌下或颊部生有髯须。因此，人们常将这"三羽"（凤头、毛腿和胡子嘴）性状看作北京油鸡的主要外貌特征。初生雏全身披着淡黄或土黄色绒羽，冠羽、胫羽、髯羽也很明显，体浑圆，十分惹人喜爱。

北京油鸡成年公鸡平均体重2 049克，母鸡1 730克。成年公鸡平均半净膛屠宰率83.50%，母鸡70.70%；成年公鸡平均全净膛屠宰率76.6%，母鸡64.6%。

北京油鸡母鸡平均开产日龄210天，年产蛋110枚，蛋重56克。蛋壳褐色、淡紫色。公鸡性成熟期60～90天。公、母鸡配种比例1:（8～10）。母鸡抱窝性较强，就巢率约20%。就巢期长者可达60多天，短者20天，平均为25天。公母鸡利用年限1～2年。

（4）**固始鸡**　属蛋肉兼用型地方鸡种，具有耐粗饲、抗逆性强、肉质细嫩等优点。自然放养的固始鸡自由觅食，食青草、小虫，其具有产蛋多、蛋大壳厚、耐贮运、蛋清稠、蛋黄色深、营养丰富、风味独特、遗传性能稳定等特点。为我国宝贵的家禽品种资源之一。

固始鸡是在固始县独特的地理位置和特殊的气候环境下经过历史上长期闭锁繁衍而形成的具有特殊性能和优良品质的地方鸡种，因主产于固始县而得名。

固始鸡个体中等，外观清秀灵活，体型细致紧凑，结构匀称，羽毛丰满，尾型独特。初生雏绒羽呈黄色。头顶有深褐色绒羽带，背部沿脊柱有深褐色绒羽带。两侧各有4条黑色绒羽带。成鸡冠型分为单冠与豆冠两种，以单冠者居多。冠直立，冠齿为6个，冠后缘冠叶分叉。冠、肉垂、耳叶和脸均呈红色。眼大略向外突起，虹彩呈浅栗色。喙短略弯曲、呈青黄色。胫呈靛青色，四趾，无胫羽。尾型分为佛手状尾和直尾两种，佛手状尾羽向后上方卷曲，悬空飘摇这是该品种的特征。皮肤呈暗白色。公鸡羽色呈深红色和黄色，镰羽多带黑色而富青铜光泽。母鸡的羽色以麻黄色和黄色为主，属黄鸡类型，白、黑色很少。该鸡种性情活泼，敏捷善动，觅食能力强。

成年固始鸡平均体重，公鸡2 470克，母鸡1 780克。公鸡半净膛屠宰率81.76%，母鸡80.16%；公鸡全净膛屠宰率73.92%，母鸡70.65%。

固始鸡母鸡性成熟较晚。开产日龄平均为205天，最早的个体为158天，开产时母鸡平均体重为1 299.7克。年平均产蛋量为141.1个，产蛋主要集中于3—6月，平均蛋重为51.4克，蛋壳褐色，蛋壳厚为0.35毫米，蛋黄呈深黄色。

固始鸡有一定的抱窝性。自然条件下抱窝性者占总数20.1%；舍饲条件下抱窝性占10%。

（5）茶花鸡　茶花鸡因雄鸡啼声似"茶花两朵"，故名茶花鸡，傣族居民称为"盖则傣"，直译为傣族鸡种，属兼用型地方品种。

茶花鸡体型较小，近似船形，性情活泼，好斗性强。头部清秀，多为平头，也有少数为凤头。翅羽略下垂。喙呈黑色，少数黑中带黄色。单冠，少数为豆冠，呈红色。肉髯呈红色。虹彩黄色居多，少数呈褐色或灰色。皮肤多呈白色，少数为浅黄色。胫呈黑色，少数黑中带黄色。

公鸡羽毛除翼羽、尾羽、镰羽为黑色或黑色镶边外，其余呈红色；颈羽、鞍羽有鲜艳光泽。尾羽特别发达，大镰羽、小镰羽有墨绿色彩。母鸡羽毛以黄麻色、棕色、黑麻色、灰麻色、酱麻色为主，少数为纯白、纯黑和杂花色。雏鸡绒毛以褐色居多，灰褐色、黄灰色、白色次之，腹部绒羽为浅黄色，头部至尾部有深褐色条纹。

成年茶花鸡公鸡平均1 190克，母鸡平均1 000克。180日龄半净膛屠宰率：公鸡为75.6%，母鸡为75.6%；全净膛屠宰率：公鸡为70.4%，母鸡为70.1%。

茶花鸡开产日龄140～160天，年产蛋数70～130个，平均开产蛋重 26.5 克，平均蛋重 37 ～ 41 克，种蛋受精率 84% ～ 88%，受精蛋孵化率 84% ～ 92%，就巢性强，每次就巢 20 天左右，就巢率 60%。

（6）寿光鸡　又称慈伦鸡，属兼用型地方品种。

寿光鸡原产地为山东省寿光市稻田镇一带。寿光鸡体型高大，骨骼粗壮，胸部发达，背宽、平直，腿高而粗，脚趾大而坚实。全身羽毛纯黑色，无杂毛，颈、背、前胸、鞍、腰、肩、翼羽、镰羽等部位呈深黑色并有绿色光泽。其他部位羽毛颜色略淡，呈灰黑色。尾羽有长短之分。喙略弯，呈黑色或喙尖为灰白色。单冠，冠、肉髯、耳叶均呈红色。虹彩多呈黑褐色，皮肤呈白色，胫趾呈黑色。

寿光鸡大型公鸡平均体重 3.8 千克，母鸡平均体重 3.1 千克，蛋重 70 ～ 75 克。中型公鸡平均体重 3.6 千克，母鸡平均体重 2.5 千克，蛋重 65 ～ 70 克。蛋壳较厚而红艳，便于运输。蛋质浓稠，蛋黄色深，特别是蛋质浓稠这一点，在国际市场上一直被认为是一个突出优点。鸡的屠宰率也比较高，肌肉丰满，皮薄肉嫩，味道鲜美。

（7）萧山鸡　属肉蛋兼用型品种。又名"越鸡""沙地大种鸡"。原产于浙江省杭州市萧山区，分布于杭嘉湖及绍兴地区。

萧山鸡体型较大，外形方而浑圆，体态匀称，骨骼较细，羽毛紧密。头大小适中，喙稍弯曲，前端黄色，基部褐色。单冠。冠、肉髯、耳叶红色。眼球略小，虹彩呈橙黄色。公鸡羽毛红色或黄色，公母鸡颈、翼、背部等毛色较深，尾羽黑色。母鸡羽毛黄色或麻色，颈、翼、尾部间有少量黑色羽毛。胫黄色。

萧山鸡成年公鸡平均体重 2 759 克，母鸡 1 940 克。105 日龄平均半净膛屠宰率：公鸡 84.7%，母鸡 85.6%；105 日龄平均全净膛屠宰率：公鸡 76.5%，母鸡 66.0%。母鸡平均开产日龄 185 天。平均年产蛋 141 个，平均蛋重 58 克。平均蛋壳厚度 0.31 毫米，平均蛋形指数 1.39。公鸡性成熟期 178 天。公母鸡配种比例 1：12。平均种蛋受精率 84.85%，平均受精蛋孵化率 87.47%。

（8）芦花鸡　原产于山东省汶上县。芦花鸡体型椭圆而大，单冠，羽毛黑白相间，公鸡斑纹白色宽于黑色，母鸡斑纹宽狭一致，属蛋肉兼用型鸡种。

芦花鸡体型一致，颈部挺立，稍显高昂，前躯稍窄，背长而平直，后躯宽而丰满，腿较长，尾羽高翘，体形呈"元宝"状。横斑羽是该鸡外貌的基本特征。全身大部分羽毛呈黑白相间、宽窄一致的斑纹状。母鸡头部和颈羽边缘镶嵌橘红色或土黄色，羽毛紧密。公鸡颈羽和鞍羽多呈红色，尾羽黑色带有绿色光泽。单冠最多，豆冠、玫瑰冠、豌豆冠和草莓冠较少。喙基部为黑色，边缘及尖端呈白色。虹彩呈橘红色。胫色以白色为主。爪部颜色大多呈白色，皮肤呈白色。

成年鸡体重：公鸡1 400克，母鸡1 260克。180日龄屠宰率：半净膛，公鸡81.2%，母鸡80.0%；全净膛，公鸡71.2%，母鸡68.9%。开产日龄150～180天，在农村一般饲养管理条件下，年产蛋130～150个；较好饲养条件下产蛋180～200个。蛋约重45克，蛋壳多为浅褐色。

（9）狼山鸡　狼山鸡原产于江苏省南通市如东县，是蛋肉兼用型鸡种之一。以产蛋多、蛋体大，体肥健壮、肉质鲜美而著称，按毛色分为黑色、黄色和白色三种。黑色的称为"狼山黑"，羽毛黑而发绿、发蓝，熠熠生辉，色彩绚丽。"狼山黑"中有一品种头冠后有一蓬毛，又称作"狼山凤"，如东人称之为"蓬头鸡"。白色的叫"狼山白"，"狼山白"数量极少，其羽毛洁白无瑕，配以鲜红的鸡冠，红白分明，赏心悦目。

狼山鸡体格健壮，头昂尾翘，背部较凹，羽毛紧密，行动灵活。公鸡体重为3～4.5千克，母鸡为2～3.5千克。母鸡平均年产蛋量为130～175个，平均蛋重58.7克。

（10）浦东鸡　俗名九斤黄，产于上海。因其成年公鸡可长到9斤（1斤=500克）以上，故有"九斤黄"之称，也是上海本地唯一的土鸡品种。浦东鸡单冠直立，胸阔体大，黄嘴、黄脚。母鸡羽毛黄或麻栗色。公鸡胸红或杂黑色，背黄或红，翼羽金黄或黑，尾黑，多有镰羽。公鸡体重约4千克，母鸡3千克左右。其肉质肥嫩，年产蛋120个左右，壳黄褐色。

体型较大，呈三角形，偏重产肉。喙短而稍弯，基部粗壮、黄色，上喙端部褐色。冠、肉髯、耳叶均呈红色，肉垂薄而小。单冠，冠齿多为7个。虹彩黄色或金黄色。皮肤黄色。公鸡羽色有黄胸黄背、红胸红背和黑胸红背3种；主翼羽、副翼羽多呈部分黑色，腹翼羽金黄色或带黑色；尾羽、镰羽上翘，与地面成45°角，黑色并带有墨绿色光泽。母鸡全身黄色，有深浅之分，羽片端部或边缘常有黑色斑点，因而形成深麻色或浅麻色；颈羽、主翼羽及尾羽有时黑色，尾羽短而尖，稍向上。初生雏绒羽多呈黄色，少数头、背部有条状褐色或灰色绒羽带。胫、趾黄色，有胫羽和趾羽。

成年体重公鸡4千克左右，母鸡3千克左右。浦东鸡是中国较大型的黄羽鸡种，肉质也较优良，但生长速度较慢，产蛋量也不高，急需加强选育工作。公鸡阉割后饲养10个月，体重可达5～7千克。年产蛋量100～130枚，蛋重 58 克。蛋壳褐色，壳质细致，结构良好。浦东鸡的肉质鲜美，蛋白质含量高，营养丰富，用于白斩、红烧、炒丁、清蒸、炒酱等，均为上乘。浦东鸡的公鸡体重可达 4 千克以上，是上海老饭店名菜"鸡骨酱"的主要原料。母鸡体重可达 3 千克以上，用来清炖，是滋补佳品。炖熟后，鸡身滚瓜流油，光亮润泽，肉酥汤清，香气扑鼻，味美可口。

5. 药肉兼用型鸡有哪些品种？

（1）金阳丝毛鸡　主产于四川凉山州，与产于中国江西、福建和广东的丝毛鸡在体形外貌、生产性能和遗传性等方面均有显著的区别。

金阳丝毛鸡的外貌特点是全身羽毛呈丝状，头、颈、肩、背、鞍、尾等处的丝状羽毛柔软，但主翼羽、副翼羽和主尾羽具有部分不完整的片羽。由于该将全身羽毛呈丝状，似松针或羊毛，故当地群众称为"松毛鸡"或"羊毛鸡"。

母鸡体格较小，头大小适中，红色单冠，喙肉色，耳叶多为白色，脸红色或紫红色，虹彩呈橘黄色或橘红色；体躯稍短。皮肤白色，个别黑色，也有乌骨、乌皮、乌肉的个体，胫肉色或黑色，大多数开胫羽，脚趾 4 个。公鸡体格中等大小，红色单冠直立，肉垂发达；颈较粗壮，体躯宽阔稍短，两脚开张，站立稳健。

金阳丝毛鸡体格较小，但屠体丰满，早熟易肥。在中等营养水平条件下，据测定，1 周岁公鸡全净膛屠宰率为 80.1%。500 天产蛋量 57.11 枚，平均蛋重（52.4±0.75）克，大小均匀，蛋壳呈浅褐色，平均厚度为 0.31 毫米。

金阳丝毛鸡性成熟较早。公鸡开啼日龄为 120 天左右，母鸡开产日龄为 160 天左右。金阳丝毛鸡抱窝性强，在不采取任何醒抱措施的情况下，持续期长，一般一个多月，长者可达 2 个月之久。每产 10～15 个蛋抱窝一次。

（2）乌蒙乌骨鸡　主产于云贵高原黔西北部乌蒙山区的毕节市、织金、纳雍、大方、水城等地，是贵州省的药肉兼用型鸡种。

乌蒙乌骨鸡公鸡体大雄壮，母鸡稍小紧凑。多为单冠，公鸡冠大耸立，个别有偏冠，冠齿 7～9 个，肉髯薄而长，母鸡冠呈细锯齿状。羽色以黑麻色、黄麻色为主，少数白色、黄色和灰色。羽状多为片羽，少数翻羽。冠、喙、脚、趾、泄殖腔、皮肤、耳呈乌黑色。大部分鸡的皮肤、口腔、舌、气管、嗉囊、心、肺、卵巢、肠、肾脏、胰脏、骨膜、骨髓乌黑色。肌肉乌黑色较浅，颈部、背部肌肉乌黑色偏重。少数有胫羽。

平均体重，成年公鸡 1 870 克，母鸡 1 510 克。成年公鸡平均半净膛屠宰率 77.90%，母鸡 78.48%；成年公鸡平均全净膛屠宰率 67.96%，母鸡 68.99%。

母鸡平均开产日龄 161 天。平均年产蛋 115 枚，平均蛋重 42.5 克。蛋壳浅褐色。公鸡性成熟期 165 ～ 180 天。公、母鸡配种比例 1∶（10 ～ 12）。母鸡抱窝性强，每年 4 ～ 5 次，平均就巢持续期 18 天。

（3）兴文乌骨鸡 又名四川山地乌骨鸡，属肉药兼用型鸡种。主产于四川省南部山地的兴文县，分布于珙县、筠连、高县、叙永等地，宜宾、屏山和江安等地南部的山丘地带亦有少量分布。

兴文乌骨鸡体型较大，体质结实，健壮。冠型大多为单冠，复冠很少。大多数喙、冠、肉髯、睑、胫、趾、皮肤和舌头均为乌黑色，屠宰后可见肉乌、骨乌和内脏乌（群众称十全乌骨鸡），也有舌头不乌的白肉乌骨鸡（当地群众称半乌骨鸡）。全身黑羽鸡居多，麻黄羽次之，白羽甚少。羽毛形状大多数是片羽，翻羽和丝毛羽少见。

兴文乌骨鸡肉质细嫩多汁，香味浓，具有一定的保健作用。成年公鸡体重 2 828 克，母鸡 2 230 克。180 日龄和 300 日龄平均全净膛屠宰率分别为 79.50% 和 79.40%，365 日龄公鸡全净膛屠宰率 81.10%，母鸡 78.40%。

母鸡平均开产日龄 195 天。平均年产蛋 110 枚，平均蛋重 58 克。蛋壳浅褐色。公鸡性成熟期 150 ～ 180 天。公母鸡配种比例 1∶（8 ～ 12）。母鸡有抱窝性，每年就巢 7 ～ 8 次，每次平均就巢持续期 21 天。

（4）沐川乌骨黑鸡 属药肉兼用型鸡种，是四川省地方特优品种，又称大楠黑鸡。其中心产区在四川省沐川县的大楠、底堡、干剑、沐溪、建和、幸福、永福和炭库八个乡镇。分布于沐川全县及其毗邻县、区的浅丘、二半山区。

沐川乌骨黑鸡体躯长而大，背部平直，胸丰满。头中小，清瘦。喙短，前端稍弯曲，呈黑色。冠型单冠、玫瑰冠、复冠，呈黑灰色，冠直立，冠齿 5 ～ 7 个。肉髯乌黑色。耳叶椭圆形。睑部皮肤松弛、粗糙，呈黑色或紫色。眼椭圆形，暗黑色，瞳孔、虹彩乌黑色。颈弯曲适中。主尾羽发达、直立。全身羽毛黝黑，泛蓝绿色光，鞍羽和尾羽更为明显。全身皮肤乌黑色。胫较长，多数有胫羽，趾乌黑色。

兴文乌骨鸡平均体重，成年公鸡 2 680 克，母鸡 2 290 克。成年公鸡平均半净膛屠宰率 84.00%，母鸡 75.00%；成年公鸡平均全净膛屠宰率 79.00%，母鸡 69.00%。

母鸡平均开产日龄 225 天。每窝产蛋 10～15 枚，平均年产蛋 110 枚，平均蛋重 54 克。蛋壳浅褐色。公鸡平均性成熟期 200 天。母鸡抱窝性弱。

（5）泰和乌鸡 是江西省泰和县特产，原产于泰和县武山北麓，根据产地又称武山鸡，因具有"丛冠、缨头、绿耳、胡须、丝毛、毛脚、五爪、乌皮、乌肉、乌骨"十大特征以及高营养价值和药用价值而闻名。泰和乌鸡是著名的饮食药用鸡，全身均可入药，骨、肉及内脏均有药用价值，可以配成多种成药和方剂。具有胆小喜静、生性活泼、群居性强、食性广杂、抱窝性强等特点，与其他地方乌鸡相比，具有显著而独特的外貌特征与生产性能，极易与其他品种区别。

泰和乌鸡性情温顺，体态娇小轻盈，丝羽洁白。公鸡的头上长着紫冠，好像歪戴着一顶彩帽，英俊潇洒。母鸡长着白缨头，好像戴了一顶美丽的凤冠。下颌长着小胡须，母鸡的胡须比公鸡的发达，显得格外温存慈祥。年轻的母鸡还有一对孔雀绿的耳朵，像一副翡翠耳环，当性成熟的时候，绿得分外娇艳，到中年绿耳就逐渐变成紫红色。泰和乌鸡的脚腿上覆盖着白白的羽毛，脚生五爪（普通鸡为四爪）。传说龙有五爪，故称泰和乌鸡为"龙爪"。两腿距部外侧长有丛状绒羽，似裙装。而皮、肉、骨俱黑，又拥有娇贵不易的脾性，故被世人称誉为"白凤仙子"。泰和乌鸡外貌秀丽奇特，赏心悦目，不飞翔，人们极易接近，是一种集药用、滋补、观赏于一体，药膳两用的珍贵禽类种质资源。

商品泰和乌鸡平均体重 600～800 克。较一般乌鸡体重偏小。母鸡初产蛋体重 700 克以上，年产蛋 80～100 枚，蛋重 23～40 克。产蛋量不高，且蛋体小。

泰和乌鸡具有很高的营养价值，所含 18 种氨基酸都高于其他鸡品种。为人们日常饮食中的珍贵滋补品。经测定泰和乌鸡属高蛋白、低脂肪、低糖的碱性食品，粗蛋白质含量平均达 52.72%，粗脂肪只占 24.17%。这种低脂肪比率可与大豆及藻类媲美。数据显示，其含糖量也不高，是肥胖者以及糖尿病等患者可以放心食用的食品。另外，泰和乌鸡维生素 A 的含量是鳗鱼的 10 倍，铁的含量比菠菜高 10 倍，锌的含量是大豆的 3.3 倍，同时还含有较高的磷、钙、镁、铜、锰等多种矿物质。

6.观赏型鸡种有哪些?

鲁西斗鸡是观赏型鸡的代表品种。鲁西斗鸡古称唆鸡,俗称"咬鸡",是我国特有的观赏型珍贵鸡种,享誉中国四大斗鸡之首的美称。原产于山东西南部古城曹州一带,即今菏泽、嘉祥、曹县、成武等县。

鲁西斗鸡体型高大魁梧,体质健壮,体躯长,成年斗鸡具有鹰嘴、鹅颈、高腿、鸵鸟身,肌肉丰满,体质紧凑结实,公鸡胸肌发达,颈长腿高,尾羽高举,体态英俊威武。体型呈半梭形,头小,头皮薄而坚。脸狭长,毛细。冠呈瘤状,肉垂已不明显。喙短粗呈弧形。眼大,眼窝深,虹彩为水白眼和豆绿眼,耳叶短小,斗鸡羽色种类较多,主要有黑色、红色和白色。胫呈肉色,无胫羽。四趾间距离宽,鸡冠有仙鹤顶和泰山顶两种。仙鹤顶又称花冠,泰山顶又称平冠。花冠又分大花冠、小花冠、肘花冠、三道梁冠、泥鳅冠、麦穗花冠等。平冠又分大平冠、小平冠、疙瘩冠、柿饼冠。

成年公母鸡体重分别为 3.87 千克和 3.02 千克。斗鸡开产日龄较晚,一般 200 ~ 250 天,年产蛋 48 枚,最多 60 枚,蛋重 50 ~ 75 克,蛋呈暗红色较厚,质地细密,不易破碎。公、母鸡比例 1:(4 ~ 5)。抱窝性每年一次,持续 15 ~ 30 天。

7.怎样选择健康无病的雏鸡个体?

健康的雏鸡是生态养鸡的良好开端,直接影响到养鸡场以后的健康状况和经济效益,所以一定要谨慎仔细。学会一听、二看、三问、四摸,就能辨别挑选到健康无病雏鸡。

(1)听 听什么?听雏鸡的叫声。小鸡叫声洪亮清脆,感觉很有底气,则代表这只小鸡很健康。若是小鸡叫声嘶哑、气短声小、有气无力,则代表小鸡中气不足,可能先天气血机能差。

(2)看 面对雏鸡群,首先要去观察群体的大小均匀度是否整齐,若是有大有小,饲养起来就会有很多麻烦事。其次,看雏鸡的肢体动作和外观的形态。身体是否完整健全,有没有瘸腿、站不起来、歪头、发育不良等不全。可以轻轻敲一敲雏鸡食盘,看雏鸡听到后的反应。若是听见声音,小鸡反应灵敏,那么小鸡的精神状态就好,若是敲击之后小鸡有的有反应,有的没有反应,那么这群雏鸡的质量较差;把雏鸡放倒,它可以在 3 秒内快速站立起来的是健雏;健雏眼睛清澈、睁眼、有光泽,弱雏眼睛紧闭、迟钝。

（3）问　重点是询问种蛋来源，孵化情况以及马立克氏病疫苗免疫情况等。来源于高产、健康、适龄种鸡群的种蛋，孵化过程要正常，出雏多且整齐的雏鸡一般质量都没问题，否则，雏鸡质量较差，不宜选养。

（4）摸　在雏鸡群中随机握住一只小鸡，感受一下在手中的反应：挣扎有没有力量，分量重还是轻，腹部是柔软的还是坚硬。通过这些综合判断这只雏鸡品质。健雏肚脐愈合良好、干净，弱雏脐部不平整，有卵黄残留物，脐部愈合不良，羽毛上沾有蛋清；健雏绒毛干燥有光泽，弱雏绒毛湿润且发黏；健雏鸡爪皮肤光滑，关节无肿胀，弱雏鸡爪皮肤上有小皱褶；观察脐部，雏鸡卵黄越大，感染细菌的概率就越高。

初生雏鸡的分级标准可参考表4-1。

表4-1　初生雏鸡的分级标准

级别	健康雏鸡	弱雏鸡	残次雏鸡
精神状态	活泼好动，眼亮有神	眼小细长，呆立嗜睡	不睁眼或单眼、瞎眼
体重	符合本品种要求	过小或基本符合本品种要求	过小，干瘪
腹部	大小适中，平坦柔软	过大或较小，肛门被污染	过大或软或硬、青色
脐部	收缩良好	收缩不良，肚脐潮湿等	蛋黄吸收不完全、血脐、钉脐
绒毛	长短适中，毛色光亮，符合品种标准	长或短，脆，色深或浅，粘污	火烧毛、卷毛、无毛
下肢	两肢健壮，行动稳健	站立不稳，喜卧，行走蹒跚	弯趾瘸腿，站不起来
畸形	无	无	有
脱水	无	有	严重
活力	挣扎有力	软绵无力似棉花状	无

第五章 补充饲料的加工调制

1.生态鸡的采食行为有什么特点?

（1）杂食性 鸡在果园、林地放养时，采食范围非常广泛。动物性、植物性、单细胞类和矿物质饲料都可以被充分利用。常见的有树叶、青草、草籽、浆果、虫蛹、蚂蚁、蚯蚓、蝇蛆、蜘蛛、瓢虫、蛾类、蝗虫及虫卵等，甚至各种幼小动物如小老鼠、青蛙、小爬行动物等，它们体内含有丰富的营养物质及特殊的生物活性物质，采食后不仅可以满足鸡自身的营养需要，提高鸡的抵抗力，还可以起到生物灭虫、灭蝗的作用。

（2）觅食力强 地方品种鸡适应性强、抗病力强、觅食力强。在放养情况下，由于鸡本身能自由地接触土壤地面和周围的植被环境，所以能够在地面上找到一切可以利用的营养物食用，可以从土壤中觅食自身所需的各种矿物质元素和其他一些营养物质。同时，林地中野生的中药材、人工种植的优质牧草等均可为鸡提供丰富的营养物质饲料，大大降低饲料成本和防病成本。

（3）喜食粒状饲料 喙的形状决定了鸡便于啄食粒状饲料。在不同粒度的饲料混合物中，鸡通常优先啄食直径3～4毫米的饲料颗粒，最后剩下的是粉末状饲料。因此，鸡在放养阶段，尽量选用加工均匀的全价颗粒饲料作为补充料，以满足其营养需要。颗粒配合料营养价值高，养分含量集中，鸡易采食，在饲喂过程中浪费少，并且在颗粒料的制粒加工过程中有灭菌作用等优点，是最好的人工补饲料。鸡在采食颗粒料后，可以增强肌胃的研磨功能，促进消化液的分泌，增强胃肠蠕动，有利于促进营养物质的消化与吸收。尤其在鸡生长后期颗粒饲料还可促使鸡多采食，适当缩短饲养周期，提高饲料转化率。

2.生态养鸡为什么还要补饲？怎样补料？

补饲是指在生态养鸡条件下人工进行精饲料补充饲喂。

生态养鸡所采食的青绿饲料含有大量的纤维素，但鸡的消化道中没有消化粗纤维的酶，饲料中的粗纤维主要靠盲肠中的微生物分解，但只有极少量小肠内容物经过盲肠，盲肠的消化作用有限，所以鸡对粗纤维的消化率低。仅仅靠野外自由觅食天然饲料不能满足生长发育和产蛋的需要，更重要的是，通过补饲，提高鸡体健康状况，增强体质和抗病力。即使是在外界虫草丰盛的季节（5—10月），也要适当进行补饲。在虫草条件较差的季节（12月到翌年3月），补饲量几乎等于鸡的营养需要量。无论育成期还是产蛋期，都必须补充饲料。

（1）补料次数与补饲方法　应综合考虑鸡的日龄、鸡群生长和生产情况、林地虫草资源、天气情况等因素而科学制定。放养的第1周早晚在舍内喂饲，中午在休息棚内补饲1次。第2周起中午免喂，早上喂饲量由放养初期的足量减少至7成，6周龄以上的大鸡还可以降至6成甚至更低些，晚上一定要让其吃饱。逐渐过渡到每天傍晚补饲1次。补饲可以在鸡舍内或鸡舍门口，让鸡群补饲后进入鸡舍休息。每天补料次数建议为1次。补料次数越多，放养的效果就越差。因为每天多次补料使鸡养成懒惰恶习，等着补喂饲料，不愿意到远处采食，而越是在鸡舍周围的鸡，尽管它获得的补充饲料数量较多，但生长发育慢，疾病发生率也高。凡是不依赖喂食的鸡，生长反而更快，抗病力更强。

状况良好的林地，补料的次数以每天1次为宜，在特殊情况下（如下雨、刮风、冰雹等不良天气），可临时增加补料次数。天气好转，应立即恢复到每天1次。补饲时要定时定量，一般不要随意改动，以增加鸡的条件反射，养成良好的采食习惯。

（2）补料量　补料量应根据鸡的品种、日龄、鸡群生长发育状况、林地虫草条件、放养季节、天气情况等综合考虑。夏、秋季虫草较多，可适当少补，春季和冬季可多补一些。每次补料量的确定应根据鸡采食情况而定。在每次撒料时，不要一次撒完，要分几次撒，看多数鸡已经满足，采食不急时，记录补料量，作为下次补料量的参考依据。一般是次日较前日稍微增加补料量。也可以定期测定鸡的生长速度，即每周的周末随机抽测一定数量鸡的体重，与标准体重进行比较。如果体重低于标准，应该逐渐增加补料量。

（3）补料形态　饲料形态可分为粉料、粒料（原粮）和颗粒料。粉料是经过加工破碎的原粮。所有的鸡都能均匀采食，但鸡采食的速度慢，适口性差，浪费多，特别在有风的情况下浪费严重，并且必须配合相应食具；粒料是未经破碎的谷物，如玉米、小麦、高粱等，容易饲喂，鸡喜欢采食，适于傍晚投喂。最大缺点是营养不完善，鸡的生长发育差，体重长得慢，抗病能力弱，所以不宜单独饲喂。颗粒饲料是将配合的粉料经颗粒饲料机压制后形成的，适口性好，鸡采食快，保证了饲料的全价性。但加工成本高，且在制粒过程中维生素的效价受到一定程度的破坏。具体选用什么形式的补饲料，应根据各鸡场的具体情况决定。

（4）补料时间　傍晚补料效果最好，早上补饲会影响鸡的自主觅食性。傍晚鸡食欲旺盛，可在较短的时间内将补充的饲料迅速采食干净，防止洒落在地面的饲料被污染或浪费。鸡在傍晚补料后便上栖架休息，经过一夜的静卧休息，肠道对饲料的利用率高。也可以在补料前先观察鸡白天的采食情况，根据嗉囊饱满程度及食欲大小，确定合适的补料量，以免鸡吃不饱或喂料过多，造成饲料浪费。另外在傍晚补饲时还可以配合调教信号，诱导鸡只按时归巢，减少鸡夜间在舍外留宿的机会。

3. 生态养鸡需补充哪些矿物质饲料？

放养鸡一般是在野外自由采食，长期的野外采食容易造成鸡群所需矿物质很难满足，因此要做好补饲。

（1）补盐　盐对鸡的生长作用很大，在饲料中增加盐，既可以增加饲料的适口性，帮助提升鸡的食欲和消化能力，也可以维持鸡体内的水盐代谢平衡。而如果盐缺少，则会引发鸡的食盐缺乏症，影响雏鸡生长，降低饲料利用率、产蛋率和鸡的免疫力。盐的规格比较多，补盐主要是补氯元素和钠元素，一般生态鸡养殖，补饲中添加0.3%即可。

（2）补钙　生态鸡如果不补钙，则可能会出现软骨症；产蛋期的鸡则可能出现鸡蛋的品质下降，产软壳蛋甚至无壳蛋等情况。当然，给鸡补钙也不宜多，一般在日粮中的比例不能超过4%。生态养鸡给鸡补钙，一般可以使用贝壳粉或者石粉。石粉含钙34%～38%，而贝壳粉含钙一般为30%～37%。至于补饲的钙添加含量，则需要根据不同生长时期的具体情况确定。

（3）补磷　钙和磷这两种元素，对于组成鸡的骨骼和软组织非常重要，所以这两种元素要有合适的补充和搭配比例。一般养殖生态鸡补磷，可以使用骨粉或磷酸氢钙。骨粉的含磷比例大概在 10% ～ 15%，而钙含量则为 24% 左右，用时需要彻底杀菌，如无法保证，则不建议使用。磷酸氢钙的钙磷比例比较均衡，一般钙为 23%，磷为 16%，经脱氟后，在补饲中添加 1% ～ 2%，效果不错。

4. 生态养鸡最理想的动物蛋白质补充饲料有哪些?

生态养鸡以采食青草、树叶、草籽、昆虫等为主，在昆虫不多的季节，仅补饲玉米、谷子、杂粮等食物，鸡的生长发育可能缺乏蛋白质。而动物性蛋白质补充饲料作为理想的蛋白质来源，有如下优点。

①蛋白质含量高，品质好；富含各种必需氨基酸，特别是植物性饲料缺乏的赖氨酸、蛋氨酸和色氨酸等，生物学价值很高。

②碳水化合物含量很少，粗纤维含量几乎为零，能量值很高。

③矿物质中钙、磷含量高，且比例适宜，微量元素也很丰富。

④各种维生素含量丰富，特别是维生素 A、维生素 D 和 B 族维生素。

⑤含有未知的具有特殊营养作用的生长因子，能提高鸡对营养物质的利用率，抵消矿物质的毒性，并能不同程度刺激鸡的生长和产蛋。

因此，在林下放养鸡的补料中加入少量动物性饲料，如黄粉虫、蚯蚓、蝇蛆等。可以大大改善整个日粮的营养价值，提高生产水平。

（1）黄粉虫　又叫面包虫，在昆虫分类学上隶属于鞘翅目，拟步行虫科，粉虫甲属。原产于北美洲，20 世纪 50 年代从苏联引进我国饲养，黄粉虫干品含脂肪 30%，含蛋白质高达 50% 以上，此外还含有磷、钾、铁、钠、铝等常量元素和多种微量元素。有很高的应用价值。由于黄粉虫体内含有较高的蛋白质、脂肪、糖类等营养物质，汁多体软、生活力强，极易饲养而被养殖场选作上好饲料。

成虫期：蛹羽化成虫的过程为 3 ～ 7 天，头、胸、足、翅先羽出，腹、尾后羽出。因为是同步挑蛹羽化，所以几天内可全部完成羽化。成虫存活期在 50 天左右，产卵期的成虫需要大量的营养和水分，所以必须及时添加麦麸子和菜，也可增加点鱼粉。若营养不足，成虫间会互相咬杀，造成损失。

卵期：成虫产卵在盛有饲料的木盘中，将换下盛卵的木盘上架，不宜翻动，防止损伤卵粒或伤害幼虫。当饲料表层出现幼虫皮时,1 龄虫已经诞生了。

幼虫期：卵孵化到幼虫，化蛹前这段时间称为幼虫期，而各龄幼虫都是中国林蛙最好的饲料。

蛹期：幼虫在饲料表层化蛹。在化蛹前幼虫爬到饲料表层，静卧后虫体慢慢伸缩，在蜕最后一次皮过程中完成化蛹。化蛹可在几秒钟之内结束。刚化成的蛹为白黄色，蛹体稍长，腹节蠕动，逐渐蛹体缩短，变成暗黄色，蛹体逐渐缩短。挑蛹时要将在 2 天内化的蛹放在盛有饲料的同一筛盘中，坚持同步繁殖，集中羽化为成虫。

（2）蚯蚓 鲜活蚯蚓一般不能直接喂鸡。有些养鸡户，一到夏秋季节，常在雨后拾活蚯蚓喂鸡。认为活蚯蚓营养全面，能提高鸡的生产效益。殊不知，蚯蚓是多种寄生虫的中间宿主和传播者，能把楔形变态绦虫、足管交合线虫、环毛细线虫、异刺线虫等传播给鸡，使鸡体质衰退，生产力下降。利用蚯蚓喂鸡的方法：将收集到的鲜活蚯蚓，用清水漂洗干净以后，加热煮沸 5～7 分钟后饲喂，即可有效杀死蚯蚓体内、体外的寄生虫。将煮后的蚯蚓切成小段，添加到饲料中喂鸡。

（3）蝇蛆 蝇蛆收集后，用清水冲洗一下可直接喂鸡，用量可占到全部饲料的 30%。由于蝇蛆中蛋白质含量较高，其他饲料要以玉米粉、小麦麸等能量饲料为主。也可将幼虫晒干或在 200～250℃烘干 15～20 分钟，并可进一步加工成粉贮存备用。

5.生态养鸡是否有统一的营养标准?

生态养鸡品种繁多，而且都是地方品种，统一制订饲养标准不太可能。为了更好地发挥生态养鸡的生产性能和保种产品质量，有必要对其各阶段的营养需要进行深入研究，探索出适合于鸡群生态养殖的补饲标准。各地在生态养鸡生产实践中，参照我国鸡的饲养标准，经过实践验证，提出了生态鸡不同生长和生产阶段精料补充料的营养推荐量。表 5-1、表 5-2、表 5-3 可供参考。

表 5-1 生态养鸡营养推荐

项目	育雏期 0～6 周	育成期 7～20 周	开产期	产蛋 高峰期	其他 产蛋期
代谢能（兆焦/千克）	11.92	11.80	12.08	12.08	12.08
粗蛋白质（%）	18.0	13.5	16.0	17.0	16.0
钙（%）	0.90	0.70	2.40	3.00	2.80
磷（%）	0.70	0.38	0.44	0.46	0.44

续表

项目	育雏期 0～6周	育成期 7～20周	开产期	产蛋 高峰期	其他 产蛋期
赖氨酸（%）	1.05	0.64	0.73	0.75	0.73
蛋＋胱氨酸（%）	0.77	0.59	0.59	0.62	0.59
维生素A（单位/千克）	6 000	4 500	5 000	6 000	5 000
维生素E（毫克/千克）	10	10	10	10	10
维生素D（单位/千克）	800	450	500	800	500
维生素K_3（毫克/千克）	0.50	0.50	0.50	0.50	0.50
食盐（%）	0.30	0.30	0.30	0.30	0.30
铁（毫克/千克）	80	60	80	80	80
铜（毫克/千克）	8	6	8	8	8
锌（毫克/千克）	60	40	80	80	80
锰（毫克/千克）	60	40	60	60	60
硒（毫克/千克）	0.30	0.30	0.30	0.30	0.30
碘（毫克/千克）	0.35	0.35	0.35	0.35	0.35

表 5-2　地方鸡种生长期参考饲养标准（参考）

项目	0～6周龄	6～14周龄	14周龄以上
代谢能（兆焦/千克）	11.93	11.92	11.72
粗蛋白质（%）	19.00	16.00	12.00
蛋白能量比（克/兆焦）	1.59	1.34	1.02
亚油酸（%）	1.00	1.00	0.80

表 5-3　肉用、肉蛋兼用型鸡种雏鸡的营养标准（参考）

项目	0～4周龄	4周龄以上
代谢能（兆焦/千克）	12.14	12.56
粗蛋白质（%）	21.00	19.00
蛋白能量比（克/兆焦）	1.73	1.51

6.配制生态养鸡补充饲料常用到哪些原料?

生态养鸡所需要的能量、蛋白质或氨基酸、矿物质、维生素等,除了部分来自天然饲料,还必须在补充饲料中供给。配制补充饲料的原料主要有以下四类。

(1)能量饲料原料 能量是维持动物生命、生长、生殖、生产等必需的营养要素,能量的需要量因鸡的品种、日龄、生产目的、生理阶段及气候等因素而异。成年母鸡每产 1 枚 58 克重的蛋,需要 536 千焦的代谢能;鸡体每沉积 1 克脂肪需要 65.44 千焦的代谢能;沉积 1 克蛋白质需要 32.41 千焦的代谢能。

生态养鸡的补充日粮需要有适当的能量蛋白比,而此比例随着鸡日龄的增加而提高。研究表明,育雏期、生长期及肥育期鸡日粮的代谢能 (ME)/ 蛋白质 (CP) 分别为 58.1 千焦 / 克、69.0 千焦 / 克及 72.0 千焦 / 克。

鸡只所需要的能源来自日粮中的碳水化合物和脂肪。碳水化合物包括淀粉、单糖、双糖和纤维素,其中淀粉和糖类是鸡的主要供能物质,而纤维素虽属碳水化合物,但不能被鸡只所利用,并导致能量摄取减少及降低蛋白质消化率,故鸡对纤维并无能量利用价值。各种谷实类饲料中都含有丰富的碳水化合物,是鸡的主要能量来源,如玉米、小麦、稻谷、大麦、高粱等。其营养参考值见表 5-4。

表 5-4 鸡常用能量饲料营养参考值

饲料名称	干物质(%)	粗蛋白质(%)	粗脂肪(%)	粗纤维(%)	粗灰分(%)	钙(%)	总磷(%)	鸡代谢能(兆焦 / 千克)
玉米	86	7.8	3.5	1.6	1.3	0.02	0.27	13.47
小麦	87	13.9	1.7	1.9	1.9	0.17	0.41	12.72
稻谷	86	7.8	1.6	8.2	4.6	0.03	0.36	11.00
大麦	87	13.0	2.1	2.0	2.2	0.04	0.39	11.21
高粱	86	9.0	3.4	1.4	1.8	0.13	0.36	12.30

注:摘自《中国禽用饲料成分及营养价值表》。

(2)蛋白质原料 蛋白质是鸡体的重要组成成分,也是鸡蛋和鸡肉的重要组成原料。蛋白质是氨基酸的聚合物,由于氨基酸数量、种类和排列顺序不同而形成了各种各样的蛋白质。按鸡只对氨基酸的需要，通常分为必需氨基酸和非必需氨基酸两大类。凡能在鸡体内合成，或者可由其他氨基酸代替的氨基酸称为非必需氨基酸。凡在鸡体内不能合成或者合成速度不能满足鸡体需要，必须由饲料中提供的氨基酸称为必需氨基酸。成年鸡体的必需氨基酸有蛋氨酸、赖氨酸、色氨酸、亮氨酸、异亮氨酸、苯丙氨酸、苏氨酸、缬氨酸，共8种。雏鸡除上述8种外，还有组氨酸、精氨酸、甘氨酸、胱氨酸和酪氨酸，共13种。其中蛋氨酸、赖氨酸和色氨酸的缺乏会影响其他氨基酸的利用率，这3种氨基酸的存在与否会限制其他氨基酸的利用。因此这3种氨基酸又称为鸡的限制性氨基酸。在配制日粮时，首先要保证这3种氨基酸的供应，并要保证饲料中各种氨基酸的数量和比例平衡。

　　生态鸡补饲日粮的配制应考虑必需氨基酸的组成、含量及利用率。必需氨基酸不但量要够，而且要适当平衡，才可降低粗蛋白质的需要量。生态养鸡日粮蛋白质供给量，应依能量浓度来调整，因为日粮代谢能的变化可改变摄食量，故蛋白质浓度应随之变动。

　　鸡所需要的蛋白质主要来源于植物性蛋白质饲料和动物性蛋白质饲料，常用的有大豆粕、棉籽饼、菜籽饼、花生仁饼、肉骨粉等，营养参考值见表5-5。大豆粕的含硫氨基酸稍有不足，应额外补充蛋氨酸。

表5-5　鸡常用蛋白质饲料营养参考值

饲料名称	干物质（%）	粗蛋白质（%）	粗脂肪（%）	粗纤维（%）	粗灰分（%）	钙（%）	总磷（%）	鸡代谢能（兆焦/千克）
大豆粕	89.0	47.9	1.0	4.0	4.9	0.34	0.65	10.04
棉籽饼	88.0	36.3	7.4	12.5	5.7	0.21	0.83	9.04
菜籽饼	88.0	35.7	7.4	11.4	7.2	0.59	0.96	8.16
花生仁饼	88.0	44.7	7.2	7.2	5.1	0.25	0.53	11.63
肉骨粉	93.0	50.0	8.5	2.8	31.7	9.20	4.70	9.96

注：摘自《中国禽用饲料成分及营养价值表》。

　　（3）维生素　维生素可分为脂溶性和水溶性。脂溶性维生素包括维生素A、维生素D、维生素E和维生素K，其单位以IU或ICU表示；水溶性维生素包括B族维生素和维生素C等。

由于饲料原料中维生素含量变异大，不易掌握，故一般以维生素预混剂添加于饲料中。生态养殖的鸡群一般补饲玉米–豆粕型实用日粮，较易缺乏维生素 A、维生素 D、维生素 E、维生素 K、维生素 B$_2$、维生素 B$_{12}$、泛酸和胆碱，应特别注意补充。

（4）矿物质 矿物质的功能很重要。它可以构成鸡体组织，如骨骼和肌肉；调解渗透压；作为体内多种酶的激活剂；调节体内酸碱平衡等。饲料中必须考虑的矿物质元素包括：钙、磷、钾、钠、氯、镁、铁、铜、锰、锌、碘、硒、钴等。以玉米–豆粕为主的实用日粮，必须补充钙、磷、钠、氯、铁、铜、锰、锌、碘和硒等。通常使用石灰石粉及磷酸盐以补充钙与磷，而其他微量元素均以预混剂的形式添加。

7. 能否推荐几个现成的补充饲料配方？

根据多年的临床实践，推荐几个生态养鸡的补充饲料配方（表5-6、表5-7），供广大养殖场户参考使用。

表5-6　生态养鸡生长育成期推荐补饲配方　　　　　（%）

饲料组成	育雏期（0～6周龄）		育成期（7～20周龄）		开产前期（21～22周龄）
	配方1	配方2	配方3	配方4	配方5
玉米	63.00	44.00	70.00	72.00	67.00
小麦麸	7.00	8.00	9.70	9.05	–
大豆饼	26.64	17.00	12.00	12.00	13.00
花生仁饼	–	8.00	2.50	2.00	–
高粱	–	10.00	–	–	–
次粉	–	9.50	2.60	2.00	8.97
酵母	–	–	–	–	5.00
石粉	1.50	1.50	1.20	1.40	4.00
磷酸氢钙	1.00	1.10	1.20	1.00	1.40
蛋氨酸	0.05	0.05	–	–	0.08
赖氨酸	0.01	0.05	–	–	–
预混料	0.50	0.50	0.50	0.25	0.25
食盐	0.30	0.30	0.30	0.30	0.30

主要营养水平					
营养成分	配方1	配方2	配方3	配方4	配方5
代谢能（兆焦/千克）	11.87	11.72	12.05	12.86	12.83
粗蛋白质（%）	18.01	18.16	14.03	14.01	15.05
钙（%）	0.94	0.95	0.78	0.80	1.83
有效磷（%）	0.38	0.40	0.36	0.32	0.38
赖氨酸（%）	0.89	0.81	0.56	0.56	0.67
蛋氨酸＋胱氨酸（%）	0.66	0.61	0.48	0.49	0.59

表5-7　生态养鸡产蛋期推荐补饲配方　　　　　　　　（%）

饲料组成	产蛋期（23周龄～）			
	开产期	产蛋高峰期1	产蛋高峰期2	其他产蛋期
玉米	60.20	54.12	67.57	57.00
大豆粕	13.00	17.08	16.00	13.00
花生仁饼	8.00	8.00	8.00	8.00
次粉	10.00	8.00	–	10.65
石粉	5.50	7.70	7.00	7.20
磷酸氢钙	1.30	1.20	1.00	1.20
植物油	1.00	3.00	–	2.00
蛋氨酸	0.10	0.10	0.08	0.10
赖氨酸	0.10	–	0.05	0.05
预混料	0.50	0.50	0.25	0.50
食盐	0.30	0.30	0.05	0.30
代谢能（兆焦/千克）	12.03	12.18	12.76	12.19
粗蛋白质（%）	16.00	17.00	16.70	16.10
钙（%）	2.40	3.20	2.85	3.00

饲料组成	产蛋期（23 周龄～）			
	开产期	产蛋高峰期 1	产蛋高峰期 2	其他产蛋期
有效磷（%）	0.43	0.45	0.35	0.43
赖氨酸（%）	0.74	0.75	0.72	0.71
蛋氨酸（%）	0.35	0.38	0.35	0.36
蛋氨酸＋胱氨酸（%）	0.62	0.65	0.63	0.62

第六章　生态养鸡饲养管理

1.为什么说加强饲养管理是规模化生态养鸡防控疫病的基础?

重疾病治疗而忽视饲养管理是大部分养殖场户的通病。

细菌性疾病是鸡的常见病，一般是由沙门氏菌、大肠杆菌和金黄色葡萄球菌等多种细菌引起的。有许多养殖户因为鸡舍通风系统不良、鸡只饲养密度过大或者是对鸡饲喂的饲料被细菌污染等，导致鸡患细菌性疾病。所以加强鸡的饲养管理工作不仅有助于鸡细菌性疾病的防治，还有助于鸡的生长和繁殖。生态养殖场户饲养管理的过程中，应根据鸡场占地面积大小、鸡舍建筑情况和鸡的养殖数量，合理分配鸡只和鸡舍，避免鸡的养殖密度过大；合理规划养殖场所，加强鸡舍通风，及时关注鸡生活环境的舒适度；加强鸡舍的清洁和消毒，保障鸡场、鸡舍环境卫生。

当鸡处于寒冷等温度不良的饲养环境中时，病原微生物进入鸡的呼吸道，会使鸡的呼吸道黏膜造成损伤，降低鸡呼吸道系统的抵抗能力，而鸡抗病能力的降低会使环境中的细菌病毒等病原微生物易于侵染鸡的机体，进而导致鸡染上鸡呼吸道疾病。一些养殖规模大、养殖环境好的生态鸡场，由于鸡群拥有较高抗体水平，也能够有效地防止鸡呼吸道疾病典型症状的出现，但不能抑制鸡呼吸道疾病非典型症状的出现，鸡呈亚健康状态。如养殖场户对鸡只接种了合适的鸡呼吸道疾病的疫苗，但鸡只饲养在通风系统不良、保温效果不好的环境中，仍会使鸡只感染上鸡呼吸道疾病。因此，为了防止鸡只染上呼吸道疾病，养殖场户可通过加强饲养管理，保证鸡只的生长和繁殖，最大限度地降低鸡呼吸道疾病发生的可能性。

生态养鸡寄生虫病多，是因为鸡食用或饮用了混入老鼠、苍蝇、蚯蚓和甲虫等携带寄生虫卵囊污染的饲料或饮水。如在秋季，库蠓叮咬鸡只，从而造成鸡白冠病的发生传播，而当前防控鸡白冠病的主要措施就是控制库蠓进入鸡舍，并采用强效杀虫剂对鸡舍进行全面消杀，从而降低鸡白冠病的发生。

要搞好疫病防控，规模化生态养鸡的饲养管理主要应搞好以下五方面的内容。

①加强对环境温度、湿度、通风、密度、光照的科学化管理。

②加强对各个养鸡环节的有效衔接和过渡，包括对防疫、卫生消毒、转群等方面的科学化管理。

③对各种应激的系统化管理。应激是百病之源，应激一旦发生，就有可能导致疫病蔓延。

④对不同生长阶段、不同鸡群、不同季节、不同鸡舍条件的科学化管理。

⑤对设备、机械、用具、饲料、饮水、空气的科学化管理。

饲养管理关系到养鸡的各个生产环节，无论在哪方面出现问题都容易造成失误，进而影响到鸡的健康。搞好饲养管理，让鸡群处在一个最佳健康状态，提高疫病的抵抗力，就会降低疫病发生概率。

2. 怎样搞好育雏舍的清扫、检修和消毒？

上批雏鸡转走后，马上清除鸡粪垫料等物。全面进行清扫和冲洗，之后要把鸡舍、供暖系统、给水系统、料槽、笼具、全面进行检修。修缮之后再次彻底清扫舍内及舍外四周，确保无粪便、无羽毛、无杂物，然后再进行冲洗。最好用高压水枪从上到下进行冲洗，冲洗干净后再进行消毒。

消毒程序如下：天棚、墙壁、地面、笼具，不怕火烧部分再用火焰喷烧消毒，然后其他部分和顶棚、墙壁、地面用无强腐蚀性的消毒药物喷洒消毒，最后用福尔马林 42 毫升 + 高锰酸钾 21 克 / 米^3，密闭熏蒸消毒 24 小时以上。抽样检查效果不合格要重新消毒。

3. 育雏舍为什么要预温？

育雏预热是指在育雏前 2 天，就要通过加热保暖的方式将育雏舍内的温度升高到 34 ～ 36℃。

（1）育雏舍温度低对雏鸡危害很大　首先，育雏舍低温可引起雏鸡扎堆。开始育雏时舍内的温度应保持在 33 ～ 35℃，温度低时容易引起雏鸡扎堆，使雏鸡挤压致残、致死；也会直接引起雏鸡采食量降低。其次，会引起呼吸道性疾病。舍温过低，冷空气可通过刺激雏鸡的呼吸道黏膜，诱发呼吸道疾病的发生，雏鸡表现出呼噜、咳嗽、喷嚏等症状。另外，育雏舍低温还可引起雏鸡的消化不良。当育雏舍的温度较低时因雏鸡不爱活动、饮水较少、消化系统的分泌功能减弱等因素使其消化能力降低，从而出现消化不良性疾病，此病主要表现为拉稀、腹泻、粪便中混有未消化的饲料。

在低温条件下，因雏鸡活动量小、采食量降低、内分泌功能弱等因素，还会使其卵黄吸收不良，长时间地卵黄吸收不良，因雏鸡不能获得足够的母源抗体而引起免疫力下降，在今后的生长发育、生产过程中很容易染病。

（2）育雏舍预热的意义　进雏前育雏舍预热，可避免舍内低温给雏鸡带来的消化不良、卵黄吸收不好、扎堆致死、腹泻性和呼吸道性疾病等危害，从而提高雏鸡的成活率、生长速度、健康水平和均匀度。

育雏前2天开始预热，可以提前使鸡舍墙壁、火炉、地面、用具中过多的水分尽快蒸发、加快鸡舍和外界的空气形成对流、加快流通，空气流通的同时将鸡舍内的水蒸气和不良气体带出鸡舍，使外界的新鲜空气进入鸡舍，从而给雏鸡创造一个舒适的生活环境。

预热可以预防引进雏鸡后升温带来的烟雾刺激、一氧化碳中毒或火灾等不良现象，因为育雏升温大部分用的是火炉或电炉，当用火炉加热时因炉子、墙壁或地面的湿度太大容易产生较多的烟雾和湿气，这些烟雾可诱发相关的雏鸡呼吸道性疾病和眼结膜的炎症；当用电炉加热时因长时间、大功率用电极易引起火灾。

预热可以有效检验增温保暖设施设备性能的可靠性，在出现性能不可靠的情况下可以腾出时间维修，避免在育雏期间因维修时不能增温或保暖而使育雏舍内的温度过低带来相应的不良反应。

4.怎么选择育雏方式?

当前，生态养鸡育雏方式主要有地面育雏、网上育雏和立体笼养育雏等方式。各种育雏方式各有利弊，要根据自己本场实际情况，选择适合自己的育雏方式。

（1）地面育雏　地面育雏是根据房舍的不同，用水泥地面、砖地面、土地面、火炕面育雏，地面上铺设垫料，舍内设有料槽和饮水及保暖设备。一般先在地面上铺2～3厘米厚的细沙，上面再铺7～10厘米厚的垫料。垫料可以因地制宜选刨花、稻壳、5～6厘米长的麦秸等。地面育雏的关键在于垫料的管理，垫料尽量选择吸水性良好的原料，如锯木屑、稻草、麦秸等。平时要防止饮水器漏水、洒水而造成垫料潮湿、发霉，定期更换潮湿的垫料。

保暖设备可以根据条件，采用地下烟道、电热保温伞、电热板或电热毯、红外线灯、地下暖管等。

地面育雏平时不清除粪便，仅对个别地方更换外，不清除垫料，省工省时；冬春季可以利用垫料发酵产热而提高舍温；雏鸡在垫料上活动量增加，体质健壮。但是，地面育雏时雏鸡与粪便直接接触，球虫病发病率较高，其他传染病也易流行且饲养密度较小。此种方式占地面积大、管理不方便、雏鸡易患病，所以只适于小规模、暂无条件的鸡场采用。

（2）网上育雏 网上育雏是将雏鸡饲养在距地面 50 ～ 60 厘米高的铁丝网或塑料网上，也可以用木条或竹竿搭成地网，网的结构分网片和框架两部分。网采用直径 3 毫米的冷拔钢丝焊成，并做镀锌防腐处理；网片尺寸应与框架相符，网孔 2 厘米 ×8 厘米或 2 厘米 ×10 厘米。也可购买塑料网片，网孔 2 厘米 ×1.5 厘米。对最初 7 ～ 10 天的幼雏，最好铺设麻袋、包装用麻布或小网孔塑料垫网，以减少热量的散失，适于不同日龄雏鸡运动、采食、饮水。塑料网上的麻袋（布）应在 1 周左右拆除。3 周龄后拆去小网孔塑料网，使雏鸡直接在金属网或条板网上生活。保温可用热风炉、自动燃气热风炉和电热伞等热源。这种育雏方式便于管理，可节省大量垫料，也减少了雏鸡与地面和粪便接触的机会，有效防止鸡白痢和球虫病的发生；但鸡舍的面积较大，能源消耗较多，且投资大、饲养管理技术要求较高。

（3）立体笼养育雏 立体笼养是指在特制的笼中养育雏鸡。目前，标准化、规模化生态养鸡育雏多采用这种方式。

育雏笼由笼架、笼体、料槽和承粪盘（板）组成。一般笼架长 2 米，高 1.5 米，宽 0.5 米，离地面 30 厘米，每层为 40 厘米。共分 3 层，每层 4 笼，每架 12 笼，在上下笼之间留有 10 厘米的空间，以放入承粪盘（或承粪板）。承粪盘（板）可以是固定的，用刮粪板刮粪；也可以是活动的，可每日或隔日定期调换清粪。实际使用以活动的较好。

每个笼子制成长 50 厘米、宽 50 厘米、高 30 厘米的规格，笼四周用铁丝、竹或木条制成栅栏，料槽和饮水器可排列在栅栏外，雏鸡隔着栅栏将头伸出吃食、饮水。笼底可用铁丝制成不超，过 1.2 厘米大小的网眼，使鸡粪掉入承粪盘。

采用热风炉或暖气管加热，也可用地下烟道加热或舍内煤炉加温，还可采用电热加温方法。上述加热方法中，以地下烟道加热的方法为优，主要可使上、下层鸡笼的温差缩小。

立体笼养优点在于能经济利用鸡舍的单位面积，节省垫料和能源，提高劳动生产率，还可有效控制球虫病的发生和蔓延。缺点是一次性投资较大。

5. 育雏过程中，雏鸡怎样取暖？

育雏过程中，可因地制宜，选择环保、生态的取暖方式。常用的有电热板或电热毯、保温伞、红外线灯、地下暖管等取暖方式。

（1）电热板或电热毯供暖　原理是利用电热加温，雏鸡直接在电热板或电热毯上取得热量，电热板和电热毯配有电子控温系统以调节温度。

（2）保温伞供暖　保温伞可用铁皮、铝皮、木板或纤维板制成，也可用钢筋和耐火布料制成，热源可用电热丝或电热板，也可用石油液化气燃烧供热、伞内附有乙醚膨胀饼和微动开关或电子继电器与水银导电表组成的控温系统。在使用过程中，可按雏鸡不同日龄对温度需要来调整调节器的旋钮。保温伞的优点是：可以人工控制和调节温度，升温较快而平衡，舍内清洁、管理较为方便，节省劳力，育雏效果好。

用保温伞供暖育雏，要有相当的舍温来保证，一般来说，舍温应在 15℃以上，这样，保温伞才有工作和休息的间隔，如果保温伞一直保持运转状态，会烧坏保温伞，缩短使用寿命；另外，如遇停电，在没有一定舍温情况下，温度会急剧下降，影响育雏效果。通常情况下，在中小规模的鸡场中，可采用煤炉维持舍温，采用保温伞供给雏鸡所需的温度，炉温高时，舍温也较高，保温伞可停止工作；炉温低时，舍温相对降低，保温伞自动开启。这样，在整个育雏过程中，不会因温差过高过低而影响雏鸡健康。同时，也可以获得较为理想的饲料报酬。

（3）红外线灯供暖　指用红外线灯发出的热量供暖育雏。市售的红外线灯为 250 瓦，红外线灯一般悬挂在离地面 35 ～ 40 厘米的高度，在使用中红外线灯的高度应根据具体情况来调节。雏鸡可自由选择离灯较远处或较近处活动。红外线灯供暖育雏的优点是温度均匀，舍内清洁。但是，一般也只作辅助加温，不能单独使用；否则，灯泡易损，耗电量也大，热效果不如保温伞好，成本也较大。一盏红外线灯使用 24 小时耗电 6 千瓦时，费用昂贵，停电时温度下降快。

（4）远红外供暖　采用远红外板散发的热量来育雏。根据育雏舍面积大小和育雏温度的需要，选择不同规格的远红外板，安装自动控温装置进行保温育雏。使用时，一般悬挂在离地面 1 米左右的高度。也可直立地面，但四周需用隔网隔开，避免雏鸡直接接触而烫伤。每块1千瓦的远红外板的保暖空间可达 10.9 米^3，其热效果和用电成本优于红外线灯，并且具有其他电热育雏设备共同的优点。

（5）**地下暖管升温**　其方法是在鸡舍建筑时，于育雏舍地面下埋入循环管道，管道上铺盖导热材料。管道的循环长度和管道间隔可根据需要进行设计。其热源可用暖气、地热资源或工业废热水循环散热加温。这种方法的优点是：热量散发均匀，地面和垫料干燥，几乎所有的雏鸡都有舒适的生活环境，可获得比较理想的育雏效果。如果利用工业废水循环加热，则可节省能源和育雏成本，比较适用于工矿企业的鸡场。

6. 雏鸡运输应注意哪些问题？

（1）**运输时间**　雏鸡运输时间不宜太长，短途运输控制在 $8 \sim 12$ 个小时，长途运输控制在 $24 \sim 36$ 小时内，并且在出苗前最好给鸡苗注射马立克氏病疫苗，方可进行接运。这样可以及时开食和饮水。

（2）**运输箱要求**　运输雏鸡的箱子要具有良好的通风性能，可以在箱子上多打一些通风口，直径2厘米左右，箱子内部最好分格子，每个格子里面装 $25 \sim 26$ 只，有利于保暖和防止路途动荡挤压死亡。现在大多数孵化场都准备的有专用的运输箱。

（3）**装车注意事项**　装车时要将雏鸡箱错开摆放。箱之间要留有通风空隙，重叠高度不要过高。气温低时可以进行加盖保温，但是注意不能盖得太严了，装车后要立即起运，运输过程中应尽量避免长时间停车。

（4）**注意检查**　运输人员要经常检查雏鸡的情况，通常每隔 $1 \sim 2$ 小时观察1次。如见雏鸡张嘴抬头，绒毛潮湿，说明温度太高，要掀盖通风，降低温度点如见雏鸡挤在一起，吱吱鸣叫，说明温度偏低，要加盖保温。一般在运输过程中温度要求在 $26℃$ 左右，尽量少停车，运输距离远的话司机最少两人，轮替开车。

（5）**车体消毒**　负责运输的车辆内外一定要消毒，尤其是车厢内部消毒要彻底，消毒之后适当通风，防止消毒液的味道刺激雏鸡。雏鸡到场之后要快速地把雏鸡转运到预温好的育雏室内，减少转移过程中的应激。

（6）**进舍后注意事项**　先将雏鸡数盒一摞放在地上，最下层要垫一个空盒或是其他东西，静置30分钟左右，让雏鸡从运输的应激状态中缓解出来，此外适应鸡舍外温度，然后再分群装笼。

7. 怎样搞好雏鸡的开水？

雏鸡头一次饮水称"开水"。

（1）初饮的时间 初饮一般越早越好，近距离一般在毛干后3小时即可接到育雏舍给予饮水，远距离也应尽量在48小时内饮上水。因雏鸡出壳后体内的水分大量消耗，出雏24小时后体内的水分消耗约8%，48小时后消耗约15%。所以，雏鸡进入鸡舍后应及时先给饮水再开食，保证在提供饲料之前使雏鸡饮水1～2小时，减少雏鸡脱水，促进肠道蠕动，吸收残留卵黄排出粪便，增进食欲和饲料的消化吸收。初饮后无论如何都不能断水，在第1周内应给雏鸡饮用降至舍温的开水，1周后可直接饮用自来水。

（2）饮水的调教 让雏鸡尽快学会喝水是必需的，调教的方法是：轻握雏鸡，手心对着鸡背部，拇指和中指轻轻扣住颈部，食指轻按头部，将其喙部按入水盘，注意别让水没及鼻孔，然后迅速让鸡头抬起，雏鸡就会吞咽进入嘴内的水。如此做3～4次，雏鸡就知道自己喝水了。一个笼内有几只雏鸡喝水后，其余的就会跟着迅速学会喝水。引导早饮水的方法最好是结合雏鸡进舍放入笼中时，把雏鸡的嘴放在水中蘸一下，雏鸡就能很快学会饮水。要确保使100%雏鸡喝到头一口水。

（3）饮水的温度 供雏鸡饮用的水应是28～32℃的温开水。切莫用低温凉水，因为低温水会诱发雏鸡腹泻。

（4）饮水器的摆放 100只雏鸡应有2～3个饮水器；饮水器要放在光线明亮之处，要和料盘交错安放；饮水器每天要刷洗2～3次，消毒1次。水槽每日要擦洗1次，每周至少要消毒2次。若使用真空饮水器喂水，则要求每4～6小时擦洗一次饮水器。现在，饮水器的质量很好，不再需要滴水托盘，滴水托盘容易被污染。

（5）初饮注意事项 ①仅仅提供充足的饮水还不够，必须让每只雏鸡迅速饮到水，所以雏鸡入舍后，要安排足够的人员教雏鸡饮水（将雏鸡的喙浸入水中），并在初饮后仔细观察鸡群，若发现有些鸡没有靠上饮水器，就要增加饮水器的数量，并适当增大光照强度，保持鸡舍灯光明亮，让饮水器里的水或奶头悬挂的水滴反射出光线，吸引雏鸡喝水。②因雏鸡长途运输、脱水、遇到特别温度等，头一天应在饮水中添加3%～5%的葡萄糖，可缓解应激效果。葡萄糖溶液饮用天数不能过多（一般2～3天），否则易出现糊肛现象。同时，投给吸收利用良好的水溶性维生素，还能增强其抗病力。

8. 怎样搞好雏鸡的开食?

第一次给初生雏鸡投喂料,即雏鸡的第一次吃食称为"开食"。

(1)开食的时间 在雏鸡初饮之后 2 小时左右即可第一次投料饲喂。"开食"不宜过早,因为此时雏鸡体内还有部分卵黄尚未被吸收,饲喂太早不利于卵黄的完全吸收。有人试验,雏鸡毛干后 24 小时开食的死亡率最低,但开食也不能太晚,超过 48 小时开食,则明显消耗雏鸡体力,影响雏鸡的增重。

(2)开食的饲料形态 开食用的饲料要新鲜,颗粒大小适中,最好用破碎的颗粒料,易于啄食且营养丰富易消化。如果用全价粉料最好湿拌料。为防止饲料黏嘴和因蛋白质过高使尿酸盐存积而造成糊肛,可在饲料的上面撒一层碎粒或小米(用温开水浸泡过更好)。

(3)开食的方法 ①用浅平料盘,塑料布或报纸放在光线明亮的地方,将料反复抛撒几次,雏鸡见到抛撒过来的饲料便好奇地去啄食。只要有很少的几只初生雏啄食饲料,其余的雏鸡很快就跟着采食了。②头 3 天喂料次数要多些,一般为 6 ~ 8 次,以后逐渐减少,第 6 周时每日喂 4 次即可。③料槽分布应均匀,与水槽分布应均匀,与水槽间隔放开,平面育雏开头几天放到离热源近些,这样便于雏鸡取暖采食和饮水。④料、水盘数量根据鸡数而定。笼养除笼内放料盘和料外,1 周后笼外的料槽中也要定时加料,便于雏鸡及早到笼外料槽中正规采食,每 2 小时匀一次料,以防止饲料不均。

(4)喂料次数 育雏的头 3 天采用每日 24 小时或 23 小时光照时数,此时每日喂料次数不应低于 6 次。当光照时数减少到每日 12 ~ 10 小时时,喂料次数可降至 4 次。

(5)喂料量 每次喂料量是将计划每天喂料量除以喂料次数确定。在每次喂料间隔中要匀料,并根据采食情况调整给料量,尽量做到每次喂料时盘内或槽内饲料基本上采食干净。这样,可以减少饲料的浪费。

(6)注意事项 用湿拌料喂雏鸡时,每日最后 1 次喂料要用干粉料,特别是夏季,以免残存料过夜而引起饲料发酵、发酸,甚至霉烂变质。引起雏鸡腹泻;用料盘喂料时,在下班最后 1 次喂料前要把料盘里剩余的饲料(往往带有较多的粪便)清除干净,并清洗料盘。

9. 如何控制育雏舍的温度?

适宜的温度是保证雏鸡成活并少得病的首要条件,必须认真做好。温度包括雏鸡舍的温度和育雏器内的温度。

刚出壳的鸡，体温调节功能还不健全，体温比成年鸡低3℃左右，到4日龄时才开始升高，10日龄时才达到成年鸡的体温。雏鸡的绒毛短，御寒能力差，采食量少，所产生的热量也少，不能维持生活的需要，所以育雏期间，必须通过供温来达到雏鸡所需的适宜温度。

（1）供温的原则　总的原则是初期高，后期低；小群高，大群低；弱雏高，强雏低；夜间高，白天低，以上高低温度之差为2℃，环境温度忽高忽低的危害甚至比温度过高或过低还严重。同时，雏鸡舍的温度比育雏器内的温度低5～8℃，育雏器内的温度靠近热源处的温度高，远离热源的温度低，这样有利于雏鸡选择适宜的地方，也有利于空气的流动。

入舍前，育雏内温度预热到34～36℃，保证鸡雏入舍后在0.5小时内散开。育雏期的适宜温度及高低极限值可参考表6-1。

表6-1　育雏期的适宜温度及高低极限值　　（℃）

周龄		0	1	2	3	4	5	6
适宜温度		35～33	33～30	30～29	28～27	26～24	23～21	20～18
极限值	高温	38.5	37	34.5	33	31	30	29.5
	低温	27.5	21	17	14.5	12	10	8.5

（2）看鸡施温　入舍后，看鸡施温，根据鸡群表现进行温度调节，而不仅仅是温度计示数。雏鸡均匀分布，说明温度合适；雏鸡聚集于热源附近，可能温度低；雏鸡远离热源，其中部分鸡只垂翅，张嘴呼吸，可能温度高；雏鸡聚集于鸡舍某个角落，可能有贼风；雏鸡突然群体性有规律地奔跑，说明温度处于由适应向不适应转变。7天内最好在笼底铺设育雏纸，以确保雏鸡腹部温度不低于25℃。

10.怎样控制育雏舍的湿度?

湿度对雏鸡的影响没有温度那么重要，但如果控制不好，也会导致育雏出现异常。育雏舍所需的湿度因日龄而异，1～2周龄为65%～70%，3～4周龄为60%～65%，5～6周龄为55%～60%，可通过温湿度计进行监测。前期育雏舍温度高，湿度过低则鸡体水分蒸发过快，雏鸡干渴嗜饮，可使摄食量降低甚至导致脱水，表现为绒毛脆弱易脱落，脚趾干瘪，室内尘土、绒毛飞扬，易诱发呼吸道疾病。

育雏后期随着雏鸡的长大，呼吸量和排粪量都会增大，室内水分蒸发量也多，则湿度也就高了，湿度过高则平养雏鸡易发生球虫病。增加舍内湿度，通常采用舍内挂湿帘、火炉加热产生水蒸气、地面洒水等方法。在地面洒水调节湿度时，在离地面不远的高度会形成一层低温高湿的空气层，对平面饲养和立体笼养的雏鸡都极为不利。

最好采取向空中和墙壁喷雾的方式提高舍内相对湿度。降低鸡舍湿度的方法，可选择干燥的环境或抬高鸡舍地面；采用离地网上育雏或分层笼养育雏，同时加强通风换气；铺厚垫料，并经常更换。温度与湿度密切相关，必须综合起来加以考虑。高温高湿易形成闷热；低温高湿则易出现阴冷，应引起重视。

11. 怎样给育雏舍通风换气?

育雏舍温度高、饲养密度大、雏鸡新陈代谢旺盛，如果只注意保温而忽视通风则会造成舍内空气污浊，有害气体含量超标，影响鸡群正常的生长发育和健康。在寒冷季节或密闭式鸡舍育雏时，这种问题尤为突出。因此，育雏期必须处理好保温和通风的关系。为鸡舍内环境提供新鲜的空气，排出过多的废气和有害气体，保证鸡舍的最佳温度和适宜的湿度，来满足鸡只正常生长的需求，最大限度地发挥鸡只的生产潜能。

（1）采用最小通风，保持鸡舍温度，避免排除鸡舍内过多的热量 育雏期雏鸡需要较高的温度，育雏前期外界温度通常低于目标温度，鸡舍需要供热，这种情况要使用最小通风方式。最小通风量是为满足鸡只生理要求设定的，不受温度控制，其大小为 0.7～1 米³/千克体重每小时（每日清粪、出栏清粪），它是根据鸡舍二氧化碳浓度要求计算出的。鸡舍内二氧化碳主要由鸡群呼出，并无毒性，只有在空气中浓度过高，持续时间过长时会造成缺氧。鸡舍中一般不会达到此等危害程度，其卫生学的意义在于鸡舍内二氧化碳含量过高，表明鸡舍空气比较污浊，其他有害气体也较多。一般认为，鸡舍内二氧化碳在空气总量中含量不超过 0.2%，则舍内的有害气体不会超过卫生标准的要求。因此，通常规定舍内二氧化碳含量以不超过 0.15% 为宜。

采用最小通风时，一般通过定时来控制排风扇运转。幼龄鸡群因通风需要量较少，排风扇运转时间也相对较少。为减少鸡舍内环境较大的波动，建议采用 5 分钟 1 个周期的定时循环。育雏期排风扇每个周期至少有 20% 的时间在运转，成年鸡群至少30%的时间在运转。随着鸡群生长发育以及鸡群产热量和鸡舍内相对湿度的增加，最小通风量应逐渐增加，定时开启时间也应增加。确定鸡舍最小通风量是否合适的最好方法是经常深入鸡舍，观察和记录鸡群的行为、空气质量、负压、相对湿度和垫料的潮湿情况。以此为依据进行最小通风量的设定。在执行最小通风量的情况下，若氨气超标应检查管理好水线的使用。

冬季或雨季人们通常对小龄鸡群的通风较为谨慎，其实我们不必担心进入鸡舍的新鲜空气的湿度大小，冷空气本身包含不了多少水分，当与舍内暖空气充分混合，使之温度升高，相对湿度降低，这样随着舍内空气流动，可以吸收并排出舍内过多的湿度和有害气体。因此，即使在外界极端寒冷的气候条件下，也应保持鸡舍必要的最小通风量。

（2）确保准确的进风方式，避免鸡群受凉是育雏期通风的关键　寒冷季节，进入鸡舍的新鲜空气应保持一定的风速和方向，使进入鸡舍的新鲜空气和鸡舍内的暖空气充分混合，温度升高后再接触到鸡群，避免冷空气直接接触鸡群造成冷应激。为此，建议在鸡舍侧墙安装排风扇和可调节风门的进风口，进行横向负压通风。进风口必须对称开启，开启的大小要与风机匹配，目的是使鸡舍通风均匀有效、舍内静压适当、鸡舍风速适宜。同时进风口要安装导流板，且导流板的角度与屋顶的角度平行，可使进入鸡舍的冷空气沿着鸡舍顶部流向鸡舍中央，在鸡舍的上方与暖空气混合，鸡群受冷应激及垫料潮湿的可能性较小。

一般情况下，进风小窗最小开启距离为2.5～3厘米，进风小窗风速最小在4.6米/秒（舍宽12米）或5米/秒（舍宽14米），舍内静压维持在1.25～2.5毫米水柱。前4周鸡背风速不超过0.15米/秒。

采用横向通风时，为保证通风换气均匀，要科学设计、安装通风设施。当鸡舍宽度小于13米时，小风机间距一般为18米左右，最大不大于25米，120米长的鸡舍可以配36型横向风机5台；通风小窗间距一般为3～4米，每侧30个，每个小窗的横断面积为0.27米×0.56米=0.15米^2。

（3）鸡舍密闭性能良好是保证合理有效通风的前提　任何负压通风情况下，采用最小通风量的成功与否取决于鸡舍的密闭性能。控制好鸡舍内环境的基础是确保空气只能从设定的进风口进入鸡舍，让进入鸡舍的冷空气与鸡舍内的热空气充分混合。如果密闭性不严，导致风经由漏风口进入，造成鸡舍的静态压力值变小，则进入鸡舍的空气流速太慢，使较重的冷空气（特别是冬季）会进入鸡舍下部、门窗等地，在鸡舍内出现通风死角、贼风、低温点、高温点（鸡舍隔热性能差），漏风严重时最终会使鸡舍后端的温度比前端要高出很多，有时会达到 4℃ 以上，不仅影响生长发育甚至会影响鸡群健康。

为了检查鸡舍的密闭性，可以将鸡舍所有的门窗和进风口关闭，然后启动 1 台 1.25 米或 2 台 0.90 米的抽风机，鸡舍内测定的负压必须超过 37.5 帕，否则，说明鸡舍有漏风的地方，应及时采取有效措施，对鸡舍的门窗、排风扇的百叶窗、挡粪板等任何可能漏风的地方进行检查和维护，使鸡舍的密封状态达到最佳.这样才可使冬季的通风换气和夏季的通风降温效果最好。

（4）及时转换通风模式，维持环境的稳定，实现温度的平稳过渡 随着鸡群的生长发育，鸡群本身会产生越来越多的代谢能，到了育雏后期，尤其是在外界温度不是很低的情况下，鸡舍内温度可能超过恒温控制器设定值。在这种情况下，鸡舍的通风要用恒温控制器来控制风机的运转，以排出鸡舍内过多的热量，这样就没必要对鸡舍进行最小通风。管理人员必须密切关注鸡舍内外的温度变化以及鸡群的表现来确定改变通风方式的最佳时间。

一般在秋冬、冬春换季时期，或外界温度与鸡舍目标温度相差 6℃ 以内时采用混合通风模式。混合通风模式是衔接横向通风和纵向通风的过渡通风方式，它是利用鸡舍末端风机和两侧墙的通风小窗及正面的进风口。排出过量的热气和增加换气率，避免了单纯采用横向通风造成的进风量不足，以及单纯采用纵向通风造成前后温差较大和通风不均匀等情况的产生。侧墙上进风口的状态控制非常重要。小窗开启的大小方向及数量应随风机开启的数量变化而变化。最大限度地缩小鸡舍温度在空间和时间上的差异，保证舍内横向、纵向温差小于 3℃，垂直温差小于 1.5℃。昼夜温差小于 5℃，每小时温差小于 2℃。

夏季当外界气温达到 24 ～ 27℃、纵向风机开启 50% 仍降不到目标温度时，应使用纵向通风：当外界温度高于 28℃、湿度小于 70% 时，可同时开启湿帘进行降温。

在转换通风模式的时间判断方面，必须理解、重视鸡的体感温度，避免造成小周龄鸡的冷应激。鸡的体感温度与温度计所测量的温度是不同的，它受鸡舍温度、湿度、风速、日龄等因素的影响。空气运动会对鸡只产生风冷效应，风速越快，鸡的体感温度与温度计值差距越大，对同一日龄鸡，当风速为 1 米 / 秒时，体感温度要比温度计值低 2℃，而风速增大为 1.5 米 / 秒时，体感温度要低 4℃；日龄越小风冷效应越大，如舍内风速为 1 米 / 秒，1

日龄雏鸡体感温度降低 8℃，而 35 日龄的鸡约为 3℃。

因此，有必要经常深入鸡舍，仔细观察鸡群在不同时间、不同地段的行为表现，以此为依据，切实、有效地做好鸡舍的通风管理工作。

12. 怎样控制育雏舍的光照?

光照能让鸡充分采食饮水和活动已达到生长快、饲料报酬高的目的，光照使雏鸡活动加强，可增强新陈代谢，促进食欲，提高室内温度，降低湿度提高健康水平。

（1）要有适宜的光照程序　密闭式鸡舍，雏鸡前 3 天，采用每天 23～24 小时连续光照制度，第 4 日龄至育雏结束，恒定为每天 8～9 小时光照；开放式鸡舍，育雏前 3～7 日龄，采用每天 23～24 小时连续光照制度，2～18 周龄，可完全采用自然光照。

（2）适宜的光照强度　光照强度过强会引起啄癖，强度过弱，导致鸡采食不充足。密闭式鸡舍，育雏前 3 天光照强度为 15～20 勒克斯，3 天后减弱为 1.5～2 勒克斯；开放式鸡舍，雏鸡前 3 天夜间光照强度为 15～20 勒克斯，白天利用自然光照，3 天后夜间光照减弱为 1.5～2 勒克斯。

照明灯具在鸡舍里要分布均匀，无死角。照明灯上要安装遮光罩，定期清除灯具上灰尘保持灯具明亮。及时更换损坏灯泡以保持有效光照强度。

13. 怎样控制育雏密度?

育雏密度就是指育雏室内每平方米地面或笼底面积所容纳的雏鸡只数。密度与育雏室内空气状况、鸡群的整齐度、鸡群中恶癖的发生状况、房舍的利用率等都有密切的关系。鸡群密度过大，育雏室内空气污浊，二氧化碳含量增加，氨味浓，湿度大，环境卫生差，易感染疾病，雏鸡吃食拥挤，抢水抢食，饥饱不均，鸡群生长发育不整齐，而且还容易引起啄癖；鸡群密度过小，则房舍及设备利用率降低，人力增加，育雏成本提高，经济上是不合算的。

生产实践中应根据雏鸡日龄、品种、饲养方式、季节、鸡舍结构等的不同适当调整密度。一般地，随着雏鸡日龄增长，密度一般适当降低。轻型品种的饲养密度要比中型品种高些。地面散养的密度应小些，网上饲养密度可大些。冬季和早春天气寒冷，气候干燥，饲养密度可高一点，夏、秋季节雨水多，气温高，饲养密度应适当低一些。鸡舍结构条件不良时也应减小饲养密度。适宜的雏鸡的饲养密度见表6-2。

表6-2 适宜的雏鸡的饲养密度 （只/米²）

周龄	饲养方式		
	地面平养	网上平养	立体笼养
1～2	30	40	60
3～4	25	30	40
5～6	20	25	30

14. 如何减轻断喙应激？

断喙是雏鸡饲养和管理的重要组成部分。正确的断喙可有效防止啄羽、啄肛、啄蛋等啄癖的发生；可以避免小鸡浪费饲料，降低饲料成本。但是断喙也可能引起雏鸡一些应激反应，不正确的断喙会导致雏鸡出血并降低其抵抗力，严重情况下，可能导致死亡。因此，要掌握正确的断喙方法，并在断喙期间加强雏鸡的饲养管理，尽量降低断喙的应激反应。

（1）断喙方法 断喙通常在7～9日龄的时候进行。此时，雏鸡个体很小，易于操作，出血少，应激小。如果断的较为准确，则可以一直保留直到产蛋为止，不用再次断喙。

断喙时，用左手握住鸡，拇指靠在鸡的后脑，食指放在鸡的脖子下部。轻轻按鸡的喉咙以收缩舌头，以免割伤舌头。注意不要用力过大，建议不要左右摇动鸡头。中指护胸，将鸡身体握在手掌中，将无名指和小指之间的两个爪子夹住使之固定，然后将鸡头向刀片倾斜，使上喙比下喙更多切一些。

切除的部分为：上喙从喙的末端到鼻孔的1/2，下喙从喙的尖端到鼻孔的1/3。注意切断生长点，其余部分与鼻孔距离2毫米。切断部分的横截面呈焦黄色，不应有渗血。

（2）断喙时的注意事项 在炎热的夏天，应在清凉的早晨或傍晚进行喙切割以减轻应激。

鸡群受应激时，切勿断喙，例如，如果鸡群刚刚接种过疫苗或刚刚患上疾病，则必须在鸡群恢复正常时进行断喙可能诱发慢性呼吸系统疾病、葡萄球菌疾病等。因此，有必要在断喙之前和之后加强笼子等卫生和消毒工作，并及时放置抗生素。

上下喙张开时，禁止进入断喙孔，否则可能会割断或烧伤鸡舌。

断喙的长度必须适当。断喙不充分，会在产蛋后期容易形成啄癖，无法实现断喙的效果。如果喙切得太大，会影响雏鸡的饮水和喂养，进而影响雏鸡的发育。

由于断喙后常有严重的应激反应，因此有必要加强鸡断喙后的饲养和管理。断喙后 1 周内应给予足够的饲料，以减轻伤口接触食槽而引起的痛苦；饮用水应保持新鲜；断喙后 1 周之内，不得进行任何防疫措施或其他措施，以免加重应激。可以在饲料中添加维生素 A、维生素 C、维生素 K 和多维电解质，以减少断喙后的出血和应激。

喙切不彻底的，可以在育成期（7～20 周龄）进行第 2 次断喙。在第 2 次断喙之前的 24～48 小时，应在饲料中添加维生素 K，以防止出血。

15.怎样做好育雏期的日常管理?

（1）观察鸡群　每隔 1～2 小时观察一次鸡群，若鸡群挤在一堆则可轻轻拍打育雏器，使小鸡分散，以免压死小鸡。通过喂料的机会观察雏鸡对给料的反应、采食的速度、争抢程度、采食量等，以了解雏鸡的健康情况；每天观察粪便的形状和颜色，以判断饲料的质量和发病的情况；留心观察雏鸡的羽毛状况、眼神、对声音的反应等，通过多方面判断来确定采取何种措施。

发现有严重缺陷的鸡，要随时挑出和淘汰，适时调整和疏散鸡群，注意护理弱雏，提高育雏的质量。

（2）做好记录　认真做好各项记录。每天检查记录的项目有：健康状况、光照、雏鸡分布情况、粪便情况、温度、湿度、死亡、通风、饲料变化、采食量及饮水情况等。

（3）消毒　带鸡消毒在养鸡业中应用广泛，常用的消毒药有氯制剂、碘制剂等。采用喷雾法，高度超过鸡背 20～30 厘米，一般每天 1～2 次，可预防疾病和净化舍内空气。同时育雏期的一切工具都要定时消毒。

（4）雏鸡的免疫　为防止雏鸡各种传染病的发生，应根据种鸡场提供的鸡免疫程序，做好鸡新城疫、传染性法氏囊炎、传染性支气管炎、禽流感、鸡痘等的免疫工作。

（5）适当的药物预防　4～21 日龄鸡白痢最易发生，从第 3 日开始在饲料中添加药物预防。预防药物如大蒜汁等；15～60 日龄易发生鸡球虫病，可在补充日粮中添加钩藤、白头翁、墨旱莲、青蒿、苦楝根等，连喂 5 天后停 2

天，可继续饲喂。在中后期防治疾病尽可能不用人工合成药物，多采用中药及采取生物防治，以保证鸡产品安全、绿色。

16. 育雏结束后，如何做好放养准备?

育雏结束后，雏鸡将要从育雏舍转移到自然环境中自由觅食，环境、饲料等将发生很大变化。雏鸡能否适应这种变化，在很大程度上取决于生态放养前的适应性锻炼。包括饲料和胃肠的锻炼、温度的锻炼、活动量的锻炼、管理和防疫等。为了使雏鸡尽快适应生态放养环境，应做好如下前期准备工作。

（1）饲料和胃肠的锻炼 育雏期根据舍外气温和青草生长情况而定，一般为 4 ～ 8 周。为了适应放养期大量采食青饲料的饲料类型特点，以及采食一定的虫体饲料，应在育雏期进行饲料和胃肠的适应性锻炼。即在放牧前 1 ～ 3 周，有意识地在育雏料中添加一定的青草和青菜，有条件时还可加入一定的动物性饲料，特别是虫体饲料（如蝇蛆、蚯蚓、黄粉虫等），使之胃肠得到应有的锻炼。对于青绿饲料的添加量，要由少到多逐渐添加，防止一次性增加过多而造成消化不良性腹泻。在放牧前，青饲料的添加量应占到雏鸡饲喂量的 50% 以上。

（2）温度的锻炼 放牧对于雏鸡而言，环境发生了很大的变化。特别是由舍内转移到舍外，由温度相对稳定的育雏舍转移到气温多变的野外。放养最初 2 周是否适应放养环境的温度条件，在很大程度都上取决于放牧前温度的适应性锻炼。在育雏后期，应逐渐降低育雏舍的温度，使其逐渐适应舍外气候条件，当进行较低温度和小范围变温的锻炼。这样，对于提高放养初期的成活率作用很大。

（3）活动量的锻炼 育雏期雏鸡的活动量很小，仅仅在育雏舍内有限的地面上活动。而放入林下后，活动范围突然扩大，增加鸡的运动量和活动范围，增强其体质，以适应放养环境。

（4）管理 在育雏后期，饲养管理为了适应野外生活的条件，逐渐由精细管理过渡到粗放管理。所谓粗放管理，并不是不管，或越粗越好，而是在饲喂次数、饮水方式、管理形式等方面接近放养的管理模式。特别是注意调教，使之形成条件反射。

（5）抗应激 放养前和放养的最初几天，由于转群、脱温、环境变化等影响，出现一定的应激，免疫力下降。为避免放养后出现应激性疾病，可在补饲料或饮水中加入适量维生素 C 或复合维生素，以预防应激。

（6）**防疫**　应根据鸡的防疫程序，特别是免疫程序，有条不紊地搞好防疫。为生态放养提供良好的健康保证。表 6-3 推荐的免疫程序可供参考。

表 6-3　生态养鸡育雏期推荐免疫程序

日龄	疫苗	免疫方法
1	马立克氏病疫苗	皮下注射
3～5	鸡传染性支气管疫苗	点眼或滴鼻
8～10	新城疫克隆 30 或 Ⅳ 系 +H120	滴鼻或饮水
13～15	法氏囊 B87 或法氏囊多价苗	滴鼻或饮水
	鸡痘疫苗	翅部刺种或皮下注射
15～18	禽流感 H5+H9 二联灭活苗	皮下或肌内注射
23～25	法氏囊 B87 或法氏囊多价疫苗	滴鼻或饮水
30～35	新城疫克隆 30 或 Ⅳ 系 + 传支 H52	滴鼻或饮水
	或新城疫 - 传支二联灭活苗	皮下或肌内注射
40～45	禽流感 H5+H9 二联灭活苗	皮下或肌内注射

注：马立克氏病疫苗一般在孵化场内就已经做过。

17. 如何调教鸡群?

调教是生态放养鸡饲养管理工作不可缺少的技术环节。因为规模化养殖，野外大面积放养，必须有统一的管理程序，如饲料、饮水、宿窝等，应使群体在规定的时间内集体行动。特别是遇到不良天气和野生动物侵袭时，如刮风、下雨、冰雹、老鹰或黄鼬侵害等，应在统一指挥下进行规避。同时，也可避免相邻鸡场间的混群现象。

调教是指在特定环境下给予特殊信号或指令，使之逐渐形成条件反射或产生习惯性行为。尽管鸡具有顽固性，但其也具有可塑性。生态养鸡可以自由活动、采食，给饲养管理工作带来了一定的困难。因此，从小就要进行调教，养成良好的条件放射，以便于管理。青年鸡调教包括喂食饮水的调节、远牧的调教、归巢的调教、上栖架的调教和紧急避险的调教等。

（1）**喂食和饮水的调教**　放养鸡每日的补料量是有限的，因此保证每只鸡都获得应获数量的饲料，应在补充饲料时同一个时间段共同采食。在野外饮水条件有限时，为了保证饮水的卫生，尽量减少开放式饮水器暴露在外的时间，需要定时饮水，也需要统一同时进行。

喂食和饮水的调教应在育雏时开始，在放养时强化，并形成条件反射。一般以一种特殊的声音作为信号，这种声音应该柔和而响亮，不可使用爆破声和模仿野兽的叫声，持续时间可长可短。生产中多用吹口哨和敲击金属物品。

以喂食为例，调教前应使其有一定的饥饿时间；然后，一边给予信号（如吹口哨），一边喂料，喂料的动作尽量使鸡看得到，以便听觉和视觉双重感应，加速条件反射的形成。每日反复如此动作，一般3天以后即可建立条件反射。

（2）大面积林下的调教　很多鸡的活动范围很窄，远处尽管有丰富的饲草资源，它宁可饥饿，也不远行一步。为使林下的牧草得到有效利用，应对这样的鸡进行调教。一般由两人操作，一人在前面引导，即一边慢步前行，一边按照一定的节奏给予一定的语言口令，如不停地叫：走～～～，一边撒扬少量的食物（作为诱饵），而后面一人手拿一定的驱赶工具，一边发出驱赶的语言口令，一边缓慢舞动驱赶工具前行，直至到达牧草丰富的区域。这样连续几日后，这群鸡即可逐渐习惯往远处采食。

（3）归巢的调教　鸡具有晨出暮归性。每日日出前便离巢采食，出走越早、越远的鸡，采食越多，生长越快，抗病力越强。而日落前多数鸡从远处向鸡舍集中。但是个别鸡不能按时归巢，有的是由于外出过远，有的是由于迷失了方向，也有的个别鸡在外面找到了适于自己夜宿的场所。当然，少数鸡可能被别人捕捉。如果这样的鸡不及时返回，以后不归的鸡可能越来越多，遭遇不测而造成损失。因此，应于傍晚前，在放牧的林下远处查看，是否有仍在采食的鸡，并用信号引导其往鸡舍方向返回。如果发现个别鸡在舍外的远处夜宿，应将其抓回鸡舍圈起来，将其营造的窝破坏。第二天早晨晚些时间将其放出采食。翌日傍晚，再检查其是否在外宿窝。如此几次后，便可按时归巢。

（4）上栖架的调教　鸡具有栖居性，善于高处过夜。但在林下放养条件下，有时由于鸡舍面积小，比较拥挤，有些鸡抢不到有利位置而不在栖架上过夜。林下的鸡舍简易，地面比较潮湿，加之粪便的堆积，长期卧地容易诱发疾病。因此，在开始转群时，每日晚上打开手电筒，查看是否有卧地的鸡，应及时将其抓到栖架上。经过几次调教之后，形成固定的位次关系，就会按时按次序上栖架。

（5）**放养前调教**　放养前一天下午或傍晚一次性把雏鸡转入放养地鸡舍，第2天早晨天亮后不要马上放鸡，要让鸡在鸡舍内停留较长的一段时间，以便熟悉新环境。等到上午9点以后再放出喂料。饲槽放在离鸡舍1～5米远的地方，让鸡自由觅食。开始几天，每天放养时间要短，以后逐日增加放养时间，并设围栏限制活动范围，然后再不断扩大放养面积。

（6）**产蛋调教**　育成后，到了产蛋前期，仍要注意调教产蛋。鸡喜欢在光线较昏暗、隐蔽性较好、较安静的地方产蛋，这样会有安全感，产蛋也较顺利。母鸡在产第一个蛋之前，往往表现出不安，寻找合适的产蛋地点。当鸡看到别的鸡已造好窝或产蛋箱内有蛋（引蛋）时，会产生认同感，认为此窝适宜产蛋，也容易把它当作自己的窝而在其中产蛋。鸡的产蛋具有定巢性，一般鸡的第一个蛋产在什么地方，以后仍到这个地方产蛋，如果这个地方被别的鸡占用，宁可在巢门口等候而不愿进入旁边的空巢，在等不及时往往几只鸡同时挤在一个巢箱中产蛋，尽管受到正在产蛋母鸡的竭力排斥与驱逐也毫不在乎。因此，开产前的调教，极为重要。

开产前1周左右，应准备并放置好产蛋箱，让鸡熟悉产蛋箱内的环境。产蛋箱应背光放置或遮暗，保持产蛋箱处安静无干扰，产蛋箱要足够，一般要按照5只母鸡一个产蛋窝。产蛋箱内应铺清洁干燥的垫料。当有的母鸡找不到产蛋箱或不愿意进产蛋箱产蛋时，可先在产蛋箱里放上一个引蛋，让产蛋母鸡认同这个产蛋箱，从而顺利在此产蛋。

18. 规模化生态养鸡为什么要实行分群管理?

规模化放养鸡每批数量比较大，育雏结束后，鸡群要转移到舍外生态放养，这时就要进行分群。

（1）**分群的基本原则**　分群首先要考虑群体的大小。确定群体大小的依据是品种、月龄、性别和放牧地可食植被状况。一般而言，本地土鸡活泼爱动，体质健康，适应性强，活动面积大，群体可适当大些；雏鸡阶段采食量小，饲养密度和群体适当大些。而大鸡的采食量较大，在有限的活动场地放养的数量适当小些；植被状况良好，群体适当大些。植被较差，饲养密度和群体都不应过大，否则容易产生过牧现象；公、母鸡混养，公鸡的活动量大，生长速度快，可提前作为肉鸡出栏，群体可适当大些。若饲养鉴别母雏，一直饲养到整个生产周期结束，则群体不宜过大。

（2）**分群的具体操作**　放养鸡的分群应与育雏鸡分群相一致，即育雏舍内每个小区内的雏鸡最好分在一个鸡舍内。分群是从育雏舍到田间的转群时进行，最好在夜间进行。根据每个简易鸡舍容纳鸡的数量，一次性放进足量小鸡。如果简易鸡舍的面积较大，安排的鸡数量较多，应将鸡舍分割成若干单元，每个单元容纳鸡数最好小于500只。

（3）分群注意的问题　①公母分群饲养。公鸡、母鸡的生长速度和饲料转化率、脂肪沉积速度、羽毛生长速度等都不同。公鸡没有母鸡脂肪沉积能力强，羽毛也比母鸡长得慢，但比母鸡吃得多，长得快，公母分群饲养后，鸡群个体差异较小，均匀度好。公、母鸡混群饲养时，公母体重相差达300～500克，分群饲养一般只差125～250克。另外，公鸡好斗，抢食，容易造成鸡只互斗和啄癖。分群饲养可以各自在适当的日龄上市，也便于饲养管理，提高饲料效率和整齐度。不能在出雏时鉴别雌雄的地方鸡品种，如果鸡种性成熟早，4～5周龄可从外观特点分出公母鸡，大多数鸡也可在50～60日龄时区分出来，进行公母分群饲养。

②体重、发育差异较大的鸡分群饲养。发育良好、体重均匀的鸡分在大群，把发育较慢、病弱的鸡分开以便单独加强管理和补给营养，利于病弱鸡的恢复。体重相差较大的鸡对营养的需要有差异，混在一起饲养无法满足鸡的营养需求，会影响鸡的生长发育。

③日龄不同的鸡要分开饲养。日龄低的鸡只容易感染传染病，大小混养会相互传染，造成鸡群传染病暴发。根据生态养殖场地鸡舍能饲养的鸡只数量，同一育雏鸡舍的鸡只最好分在同一个育成鸡舍。

④群体大小。根据生态养殖场地面积大小和饲养规模，一个群体300～500只育成鸡比较合适，一般不超过1 000只。本地土鸡适应性强，饲养密度和群体可大些；放养开始鸡体重小，采食少，饲养密度和群体可大些；植被状况好，饲养密度和群体可以大些；早春和初冬，林地青绿饲料少，密度要小一些；夏秋季节，植被茂盛，昆虫繁殖快，饲养密度和群体可大些。但群体太大，会造成鸡多草虫少的现象，造成植被很快被抢食，引起过牧，并且植被生态链破坏后恢复困难，鸡因觅食不到足够的营养影响生长发育，同时又要被迫增加人工补喂饲料的次数和数量，使鸡产生依赖性，更不愿意到远处运动找食，从而形成恶性循环，打乱林地放养的初衷和模式。一定林地面积饲养鸡数量多后，鸡采食、饮水也容易不均，会使鸡的体重、整齐度比较差，大的大、小的小，并出现很多比较弱小的鸡。群体、密度过大容易造成炸群，鸡遇到惊吓时很容易炸群，出现互相挤压、踩踏现象，还会使鸡

的发病率增加，也容易发生啄癖，所以规模一定要适度。有的生态养鸡就是因为群体规模和饲养密度安排不当，最终导致养殖失败。

19. 怎样才能让育雏后的鸡安全度过过渡期?

育雏完成进入育成鸡阶段，就要依靠野外生存，进行生态放养。育成鸡从人工环境进入自然环境，必定有一段时间的过渡适应，管理不好，鸡群容易出现问题，影响生态养殖效益。

（1）转群日的选择非常关键　应选择天气暖和的晴天，在夜间转群。当将灯关闭后，打开手电筒，手电筒头部蒙上红色布，使之放出暗淡的红色光，以使雏鸡安静，降低应激。轻轻将小鸡转移放到运输笼，然后装车。按照原分群计划，一次性放入鸡舍，使之在生态放养的鸡舍过夜，第二天早晨不要马上放鸡，要让鸡在鸡舍内停留较长的时间，以便熟悉其新居。待到 9～10 时以后放出喂料，料槽放在离鸡舍 1～5 米远，让鸡自由觅食，切忌惊吓鸡群。饲料与育雏期的饲料相同，不要突然改变。

（2）放牧时间与补饲　开始几天，每天放牧较短的时间，以后逐日增加放牧时间。为了防止个别小鸡乱跑而不会自行返回，可设围栏限制，并不断扩大放养面积。1～5 天内仍按舍饲喂量给料，日喂 3 次。5 天后要限制饲料喂量，分两步递减饲料：首先是 5～10 天内饲料喂平常舍饲日粮的 70%；其次是 10 天后直到出栏，饲料喂量减半，只喂平常各生长阶段舍饲日粮的 30%～50%，日喂 1～2 次（天气不好的时候喂 2 次，由于鸡有懒惰和依赖性，饲喂的次数越多效果越差）。

20. 生态养鸡如何降低应激?

（1）应激因素及应激反应　应激是指鸡对外界刺激因素所产生的非特异性反应。刺激因素包括：过冷、过热、疾病、噪声、通风不良、营养不均、垫料或棚架不符合要求、霉菌毒素及免疫、转群等。

应激反应，也称狩猎式反应，指机体突然受到强烈有害刺激时，通过下丘脑引起血中促肾上腺皮质激素浓度迅速升高，糖皮质激素大量分泌。

应激反应是由于应激因子对动物体的有害作用所引起的非特异性的一切紧张状态。这是塞莱氏根据机体在寒冷条件下的反应而提出的概念。也可以说是机体遭到侵害而产生反应的状态。主要特点：应激反应有时为局部性，如炎症；有时为全身性，如全适应综合征。但无论是局部性的或全身性的都与作用因子的种类无关，通常是机体的统一反应。

（2）主要应激因素 ①动物的闯入。在放养期间，家养动物的闯入（以狗和猫为甚），对鸡群有较大的影响。特别是在植被覆盖较差的地块放牧，鸡和其他闯入动物均充分暴露，动物的奔跑、吠叫，都会对鸡群造成较强的应激。鸡的个体小，没有自卫和防御能力，鸡群会经常受到老鼠、老鹰、黄鼠狼和蛇等天敌的伤害，轻则带来惊吓应激，重则带来伤害。因此，防御和消除天敌是生态养鸡管理中的一项重要工作，应特别注意加强防范。

②饲养人员更换。在长期的接触中，鸡对于饲养人员形成了认可的关系。饲养人员的突然更换，对鸡群是一种无形的应激。

③饲喂制度变更。饲喂制度改变对鸡也会造成一定的应激。

④位置的改变。在长期的放养环境中，鸡群对其生活周围的环境逐渐适应，无论是鸡舍（鸡棚），还是饲具和饮具位置的变更，对其都有一定影响。比如，将鸡舍拆掉，在其他地方建筑一个非常漂亮的鸡舍，但这群鸡宁可在原来鸡舍的位置上暴露过夜，承受恶劣的环境条件，也绝不到新建的鸡舍里过舒适生活。

⑤气候突变。在环境对鸡群的影响中，气候的变化影响最大，包括突然降温、升温、大雨、大风、雷电和冰雹。

（3）降低应激反应的措施 ①创造适宜的生活环境。做好夏季防暑降温和冬季防寒保暖工作，尽量保持鸡舍最佳温度。夏季最好采用纵向通风，根据温度、湿度、鸡群年龄等因素调节空气的流速，有利于鸡体内热量的散发，建议鸡舍相对湿度保持在 50% ～ 60%；冬季在保暖的前提下加强通风换气，减少有害气体的应激；经常清除粪便，防止氨气含量超标；保持舍内安静，防止出现突然声响或噪声过大，避免其他动物进入放养区，或将放养区用网围住；保持舍内合适的饲养密度，笼养每只鸡占笼位面积不少于 400 厘米^2，地面散养或网上平养密度以 6 ～ 8 只 / 米^{2}为宜。尽量避免人员的更换，如果更换饲养人员，应该在更换之前让两个人共同饲养一段时间，使鸡对新的主人产生感情，确认其主人地位。

②科学饲养，加强管理。根据鸡不同的生长发育阶段，制定科学合理的饲料配方。无论是饲喂时间、饮水时间、放牧时间或归牧时间，都不应轻易改变。饲养人员固定，饲喂定时定量，保证充足的清洁饮水和足够的水槽、食槽。实行正确的光照制度，产蛋期实行 16 小时光照，光照强度以 3 ～ 5 瓦 / 米^{2}为宜。抓鸡、断喙、防疫、转群等工作尽可能在晚上进行，并要轻拿轻

放，避免人为因素造成的应激。

③添加饲喂抗应激添加剂。对于断喙、免疫、药物治疗时、转群、天气突变等可预知的应激，建议及时在饲料中添加抗应激药物。当鸡群发生应激时可加倍饲喂维生素。日粮中添加维生素C，有利于促进机体肾上腺皮质激素的正常分泌，降低生理应激，有助于热应激条件下的鸡维持正常体温，提高饲料利用率，可按0.02%～0.04%的比例添加维生素C。维生素E有保护细胞膜和防止氧化作用，还可缓解由于高温时肾上腺素释放而引起的免疫抑制，提高抗病力。维生素K是抗药物产生应激的抗应激剂，用药前后或药物中毒时，可适当添加维生素K。应激能造成鸡对某些微量元素相对缺乏或需要量增加，适当补充饲喂锌、碘、铬等元素可减轻应激反应。鸡热应激时水或饲料中添加碳酸氢钠、碳酸氢钾、氯化钠、氯化钾等电解质，可维持酸碱平衡，缓解热应激。如碳酸氢钠具有健胃及调节血液酸碱度和电解质平衡的作用，在饮水或饲料中添加0.1%～0.2%碳酸氢钠，能明显减少热应激的损失。在产生应激的前后3～5天，饲料中添加多种氨基酸添加剂，可补充因应激而引起的机体免疫器官、免疫细胞蛋白质分解。在鸡转群、断喙、接种疫苗前1～1.5小时，在饲料中加入安定类药物，可降低鸡群对应激的反应。延胡索酸具有镇静作用，在饲料中添加0.1%延胡索酸，饮水中添加0.63%氯化铵，能明显缓解热应激，起到增进食欲，提高增重的效果。钩藤、葛蒲、延胡索酸、枣仁等，可使鸡群避免骚动，保持安静；石膏、黄芩、柴胡、茶叶、板蓝根、蒲公英、生地、白头翁等，可缓解热应激；山楂、麦芽、神曲等，可维持正常食欲，提高机体抵抗力。

21. 生态养鸡如何防止鼠害应激?

老鼠在藏匿条件好、食物充足的情况下，每年可产6～8窝幼仔，每窝4～8只，一年可以猛增几十倍，繁殖速度快得惊人。养鸡场的小气候适于鼠类生长，众多的管道孔穴为老鼠提供了躲藏和居住的条件，鸡的饲料又为它们提供了丰富的食物，因而一些对鼠类失于防范的鸡场，往往老鼠很多，危害严重。养鸡场的鼠害主要表现在四个方面：一是咬死咬伤鸡苗；二是偷吃饲料，咬坏设备；三是传播疾病，老鼠是鸡新城疫、球虫病、鸡慢性呼吸道病等许多疾病的传播者；四是侵扰鸡群，影响鸡的生长发育和产蛋，甚至引起应激反应使鸡死亡。

鼠类食性杂，凡鼠能吃的一切东西都应严格藏好管好，让老鼠没有食粮可吃。平时要把饲料、粮食等藏管好，袋装饲料要堆放整齐，离墙要有10～15厘米距离，离地面要50厘米以上。把散落在仓库和鸡舍地面的饲料及时扫净，不给鼠偷食机会，以控制其生存、繁殖。不要随便丢弃雏鸡的尸体，要深埋在老鼠不能到的地方，以防它们吃惯了死雏以后会捕食雏鸡。

（1）建鸡场时要考虑防鼠设施　墙壁、地面、屋顶不要留有孔穴等鼠类隐蔽处所，水管、电线、通风孔道的缝隙要塞严，门窗的边框要与周围接触严密，门的下缘最好用铁皮包镶，水沟口、换气孔要安装孔径小于3厘米的铁丝网。

（2）随时注意防止老鼠进入鸡舍　发现防鼠设施破损要及时修理。鸡舍不要有杂物堆积。出入鸡舍随手关门。在鸡舍外留出至少2米的开放地带，便于防鼠。因为鼠类一般不会穿越如此宽的空间，不能无限度地扩大两栋鸡舍间的植物绿化带，鸡舍周围不种植植被或只种植低矮的草，这样可以确保老鼠无处藏身。清除场区的草丛、垃圾，不给老鼠留有藏身条件。

（3）断绝老鼠的食源、水源　饲料要妥善保管，喂鸡抛撒的饲料要随时清理。切断老鼠的食源、水源。

（4）灭鼠　灭鼠要采取综合措施，使用捕鼠夹、捕鼠笼、粘鼠胶等捕鼠方法和应用杀鼠剂灭鼠。

杀鼠剂可选用敌鼠钠盐、杀鼠灵等。其中敌鼠钠盐、杀鼠灵对鸡毒性较小，使用比较安全。毒饵要投放在老鼠出没的通道，长期投放效果较好。

敌鼠钠盐价格比较便宜，对鸡比较安全。老鼠中毒后行动比较困难时仍然继续取食，一般老鼠食用毒饵后3～4天内安静地死去。敌鼠钠盐可溶于酒精、沸水，配制0.025%毒饵时，先取0.5克敌鼠钠盐溶于适量的沸水中（水温不能低于80℃），溶解后加入0.01%糖精或2%～5%糖，加入食用油效果更好，同时加入警戒色，再泡入1千克饵料（大米、小麦、玉米糁、红薯丝、胡萝卜丝、水果等均可）。而后搅拌均匀，阴干；过一段时间再搅拌，使饵料吸收药液，待药液全部吸收后晾干即成。毒饵现用现配效果更好，如上午投放毒饵，要在头一天下午拌制；下午投放毒饵，可在当天早晨拌制。

在我国南方，为防毒谷发芽发霉，可将敌鼠钠盐的酒精溶液用谷重25%的沸水稀释后浸泡稻谷，到药液全部吸收为止，效果良好。

22. 生态养鸡如何防止鹰害应激？

鹰类活动规律一般为初春、秋季多，盛夏、冬季相对较少；早晨、下午多，中午少；晴天多，大风天少；山区和草原较多，平原较少。鼠类活动盛期，鹰类出现的次数和频率也高。但在林地养鸡时，无论山区还是平原，无论春夏秋冬，都有一定数量的老鹰活动，对鸡群造成伤害。

鹰是猛野禽，不仅捕食雏鸡，也捕食中鸡和大鸡。但由于鹰是益鸟，不能猎杀，可想办法进行驱避。

（1）防鸟网　在果园设防鸟网，防鸟伤害果实，也能防鹰。山地可在离地面3米处用网罩围栏，网下养鸡，若遇鹰害，鹰爪会被渔网缠绕而不能逃脱或受惊而逃。在山区的果园最好采用黄色的防鸟网，平原地区采用红色的防鸟网，这是山区、平原的鸟最害怕的两种颜色。但防鸟网单位面积成本较大，而且烈日暴晒和大风容易使其老化破裂，使用寿命短，比较费工。

（2）鞭炮驱离　鸡在林地、山地、果园、荒坡地等放养时，饲养员应经常注意天空，观察老鹰的行踪。发现老鹰袭来，立即向空中放鞭炮，使老鹰受到惊吓逃跑。连续几次之后，老鹰不敢再接近放牧地。

（3）使用驱鸟器　智能语音驱鸟器，可播放高保真鸟类天敌猛禽类声音，可持续、有效实现果园、农田驱鸟。

（4）稻草人　在鸡放牧地里，布置几个稻草人，尽量将稻草人扎得高一些，上部捆一些彩色布条，最上面安装1个可以旋转、带有声音的风向标，其声音和颜色及风吹的晃动，对老鹰产生威慑作用而不敢凑近。在树枝高处悬挂一些彩色布条能减少鹰等飞禽靠近。

（5）人工驱离　发现老鹰接近，即挥杆吆喝，高声驱赶，指挥牧犬，疾速追赶。

23. 生态养鸡如何防止蜈蚣、蛇害应激?

蛇可将雏鸡咬伤咬死。蜈蚣在受到鸡触动时就反转头来咬鸡，使其中毒而死。蛇可用捕捉法和驱避法，蛇怕具有刺激性气味的物质，特别是化学药剂，如酒精、烟草、雄黄、硫黄等。蛇怕火、怕烟。

（1）凤仙花驱避　凤仙花又称花梗，是观赏、药用和食用多用途植物。在民间常被用来治疗毒蛇咬伤。蛇对此花有忌讳，不愿靠近。在放养的地边种植一些凤仙花，可有效预防蛇的进入。

（2）蛇灭门驱避　蛇灭门又俗称望江南、野决明、野扁豆、金豆子、狗屎豆、头晕草、胃痛菜、金花豹子、凤凰草，属一年生豆科草本植物。蛇灭门是治疗蛇伤、无名肿痛、胃病、高血压的常用中草药，尤对各种毒蛇咬伤有独特的药用功能。若在屋前屋后栽植，蛇则远避。

（3）雄黄驱蛇 取雄黄100克、蟑螂8只，用白酒250克浸泡36小时，分4次将药撒在林地四周，每半月左右撒一次，驱蛇效果较好。也可将雄黄、大蒜、天南星及粽子各等量，捣成药锭，阴干后可驱蛇。还可用雄黄、干白芷混合后烟烧也可驱蛇。

直接将雄黄粉撒在池塘的附近或四周，也可收到驱蛇的效果。据资料介绍，将硫黄粉撒在四周，蛇就不敢进入，等硫黄粉失效后可再重复一次。也可用亚胺硫磷（果树农药）0.5千克加水拌匀喷洒在鸡场放牧地周围，蛇类嗅到药味便会逃之夭夭，以后极少在此间出没活动，效果非常显著。

24. 生态养鸡如何防止黄鼠狼伤害应激?

黄鼠狼又名黄狼、黄鼬，身体细长，四肢短，尾毛蓬松，全身棕黄色，鼻尖周围、下唇有时连到颊部有白色，雄体体重平均在0.5千克以上，是我国分布较广的野生动物之一。黄鼠狼生性狡猾，一般昼伏夜出，黄昏前后活动最为频繁。除繁殖季节外，多独栖生活；喜欢在道路旁的隐蔽处行窜捕食，行动线路一经习惯则很少改变。黄鼠狼性情凶悍，生活力强，警觉性很高；夏季常在田野里活动，冬季迁居村庄内；洞穴常设在岩石下、树洞中、沟岸边和废墟堆里；习惯穴居，定居后习惯从一条路出入；主食野兔、鸟类、蛙、鱼、泥鳅、家鼠及地老虎等。其在野生食物采食不足时，对养鸡形成威胁，尤其是在野外放养鸡，经常会遭到黄鼠狼的侵袭，因此，应引起高度重视。

黄鼠狼喜欢穴居，特别喜居干燥的土洞、石洞或树洞，亦经常出入并借住鼠洞。其洞口较光滑，周围多有刮落的绒毛和粪便。

黄鼠狼有固定的越冬巢穴，巢穴有多个洞口。为了抗寒防雪，巢穴多设在向阳、背风、静僻处，如闲屋、墟堆、仓库、草垛等地，洞口常因黄鼠狼呼吸而形成一触即落的块状霜。巢穴附近及通向觅食场所和水源的途径，就是捕捉黄鼠狼的最佳位置。对于黄鼠狼，可采取多种方法进行捕捉或驱赶。

（1）竹筒捕捉法 选择较黄鼠狼稍长的竹筒（60～70厘米），里口直径7厘米，筒内光滑无节。把竹筒斜埋于土中，上口与地面平齐或稍低于地面。筒底放诱饵如小鼠、青蛙、小鱼、泥鳅等，也可放昆虫等活动物（用网罩住）或火烤过的鸡骨。黄鼠狼觅食钻进竹筒后，无法退出而被活捉。

（2）木箱捕捉法 制作长100厘米、高16厘米、宽20厘米的木箱，两头为活闸门，闸门背面中间各钻1个小浅眼，箱体上盖中间钻1个小孔。闸门升起，浅眼与上盖面平齐。用与箱体等长细绳，两头各拴1根小钉插入闸门眼中，将闸门定住。细绳中间拴1条7～10厘米短绳，穿入箱内；底端拴1个小钩，挂上诱饵。黄鼠狼拉食饵料，即带动小钉脱离闸门，闸门降下将其关住，遂被活捉。

（3）夹猎法　将踩板夹置于黄鼠狼的洞口或经常活动的地方，黄鼠狼一触即被夹获。还可在夹子旁放上鼠、蛙、鱼、家禽或其内脏等诱饵，待黄鼠狼觅食时将其夹住。

（4）猎狗追踪捕捉法　猎狗追踪黄鼠狼到洞口，如黄鼠狼在洞内，狗会不断摇尾巴或叫，这时在洞口设置网具，然后用猎杆从洞的另一端将其赶出洞，将其活捉。

（5）灌水、烟熏捕捉法　利用狗寻找黄鼠狼洞口，随后用网封住洞口，然后往洞内灌水，或往洞内吹烟，迫使其出洞而被活捉。采取这种办法时应注意黄鼠狼的巢穴有多个洞口，防止其从其他洞口逃窜。

此外，养鹅护鸡对黄鼠狼也有较好的驱避效果。

25.影响育成鸡群均匀度的因素有哪些？如何提高育成鸡的均匀度？

育成鸡的质量好坏对种鸡一生的生产性能都有巨大的影响，而育成鸡的均匀度显得极为重要。均匀度主要包括体型、体重、性成熟3个方面。在实际生产当中，以体重的均匀度最为重要。体重均匀度是指群体中体重在标准体重上、下10%范围内的鸡只所占的百分比。育成鸡均匀度的高低可影响成鸡后期的生产性能，还能影响鸡病的发生。

（1）适时断喙，且断喙要准确　实施断喙的目的是避免相互啄斗，减少饲料浪费。合适的断喙日龄和断喙方法见前述。

（2）每周定期进行随机抽样称重　称重是正确评定鸡群群体的平均体重和均匀度的有效方法。①确保每周称重一次。3周龄前可采取群体称重，每个群体20～30只鸡。抽取总鸡数为整群的5%～10%，3周龄后可采取个体称重，抽取的比例取决于鸡群大小，5 000只以上的鸡群可抽取2%～3%，1 000～5 000只的鸡群可抽取5%。②称重时间：在每周的同一天进行，测定后限饲体重均为空腹体重，育成期一般为周末停料日下午空腹体重，开产前每日限饲时为周末早上喂料前空腹体重。为确保称重准确，区长或者负责人必须亲自参加抽称，只有这样才能真正了解鸡群生长和发育状况。

（3）合适的饲养密度　鸡群的饲养密度也是决定均匀度高低的一个很重

要的因素。密度大的鸡群活动受限，在限饲阶段时，很容易造成个体采食不均，个别鸡只生长发育缓慢，导致均匀度下降；密度过小，则饲养成本增加。具体要根据鸡舍和设备配置来决定。

（4）保证鸡群均匀适量的采食　对于笼养种鸡，鸡群饲养密度要合理，要保证每只鸡都能同时吃到料，食槽内加料要均匀，每次喂完后要匀料4～5次，保证鸡只采食均匀。要确保饲料质量，根据体重变化情况，适当调整喂料量，体重超标时，下周可维持上一周的给料量，低于标准体重时，每低于1%，每只鸡每日增加2～5克料量，要根据实际情况灵活定料。

（5）及时合理地调群、分群管理　①挑出体质较弱、个体较小的鸡集中饲养，推迟换料时间，使尽快达标，以此提高整体均匀度。②应及时淘汰那些鉴别错误、发育很差和明显有病的鸡只，对死亡鸡只及时处理，对于笼养鸡要及时补充缺位，保持每笼鸡数一致。由于育成期防疫比较频繁，应完善免疫程序，科学使用疫苗，避免过度抓鸡带来较大的应激，这样也有利于保证鸡群体重的均匀度。③在育成期要提高鸡群的均匀度，最有效的措施就是分群管理，具体措施如下：在准备限饲的前一周周末，按10%的比例随机抽样测定鸡群的均匀度，并以品种标准体重为指标，将全群个体称重分为超重、适宜、不足即大、中、小3群，淘汰病残鸡和过于偏小的鸡。根据饲养标准和体重大小定出合理的料量进行限饲。大、中、小鸡的料量差异不要过大，一般大鸡与小鸡料量差异最多为4克，防止大鸡限饲过严，小鸡过松的问题发生，导致表面上体重均匀度很好，但实际上生产性能却很差。在整个育成期里，每周进行一次称重，并根据测定的结果及时调整鸡群料量。在限饲的4～5周后再做一次全群个体称重，根据全群的体重均匀度及时分出大、中、小鸡，分群后再进行确定料量，否则在接近性成熟时，以免体重太低的鸡难以补救；超重较多的鸡，应严格限饲，否则影响生殖系统的发育。

26. 如何提高生态养鸡育成期的成活率?

（1）培育健雏是基础　放养初期（3周内）死亡率占整个育成期死亡率的30%以上。除了一些人为伤亡以外，多数死亡的是弱雏或病雏。因此，欲提高育成期的成活率，必须在育雏期奠定基础，包括饲养健康雏鸡，淘汰弱雏、病雏和残雏；按照程序免疫；进行放养前的适应性锻炼等。

（2）搞好免疫　生产中发现，很多饲养者认为生态鸡的抗病力强，不注射疫苗也没有问题。但是在规模化生态养殖条件下，很多疫病，不免疫注射是绝对不安全的。例如，马立克氏病，如果出壳后不注射疫苗，多数在 2 ～ 3 月龄暴发，造成大批鸡死亡。生产中发现，生态养鸡在育成期的主要传染性疾病是马立克氏病、鸡新城疫、禽流感、法氏囊炎和鸡痘等，应重视疫苗免疫。

（3）注重药物预防 除了一些烈性病毒性传染病以外，造成育成期死亡的其他疾病是球虫病、沙门氏菌病和体内寄生虫病，而这些疾病往往被忽视。生态放养如果遇到连续的阴雨天气，很容易诱发球虫病，应根据气候条件和粪便中球虫卵囊检测情况酌情投药。鸡白痢是生态养鸡常发生的疾病。我国绝大多数地方鸡种没有进行鸡白痢的净化，在育雏期未得到有效控制，在放养初期很容易发生。放养鸡场，特别是长年放养鸡的地块，鸡体内寄生虫发生很普遍。应根据粪便寄生虫卵的监测进行有针对性的预防。

（4）减少放养丢失 一些鸡场在放牧过程中鸡只数量越来越少，但没有发现死亡和兽害。说明放牧过程中不断丢失。这是由于没有进行有效的信号调教，也没有采取先近后远、逐步扩大放养范围的放养方法。

（5）预防兽害 兽害主要是老鼠、老鹰、黄鼠狼和蛇害。伤害主要发生在夜间，应采取有效措施降低兽害伤亡。

鸡的活动很有规律，日出而动，日落而宿。每天在傍晚，鸡的食欲旺盛，极力采食，以备夜间休息期间进行营养的消化和吸收。同时，夜间也是多种野生动物活动的频繁时间。搞好夜间防范成为鸡场最为重要的问题之一。

（6）避免药害 草地、农田、果园等放养鸡，农药中毒造成的伤亡屡见不鲜。一方面，除了极个别人为破坏以外，多数情况是在放牧地直接喷药而没有实行分区轮牧和分区喷药；另一方面，邻近农田喷药，放牧地与邻近农田没有用网隔开。这些细节问题应引起高度重视。

（7）减少应激 可对动物的闯入、饲养人员的更换、饲喂制度的变更、位置的改变、气候的突变等一系列对土鸡有应激的地方进行有效的调节，减少土鸡的应激反应。

（8）避免群体过大 群体过大时，遇到应激因素或寒冷天气，鸡群扎堆，造成底部鸡只窒息死亡。这是生产中经常发生的事情，在一些鸡场的伤亡中占较大的比例。

（9）注意群体的均匀性 鸡群的整齐度如何对于开产日龄的集中度和产蛋率的高低有很大的影响，也是体现饲养品种优劣和饲养技术高低的重要标准之一。没有高的群体均匀度或整齐度，难有好的饲养效果。影响鸡群均匀度的因素很多，如雏鸡质量、不同批次群体混养、群体过大、放养密度高、投料不足等。应有针对性地采取相应措施。

（10）**全价营养，精心照料** 生产中鸡在育成期发育缓慢，没有达到标准体重，分析发现，主要原因是营养不足。一些人认为，育成期靠鸡自由野外找食即可满足营养需要，不需另外补料。这种观点是错误的。育成期阶段，是生长发育最快的时期，在野外采食的自然饲料，不能满足能量和蛋白质总量的需求，必须另外补充。特别是在大规模、高密度饲养条件下，仅靠采食一些植物性青饲料，很难满足鸡自身快速生长的需要。忽视补料是得不偿失的。因此，应根据体重的变化与标准的比较，酌情补料。只要营养得到满足，生长才能快速，抗病力和成活率才能提高。

27. 生态养鸡日常管理中为什么强调勤观察?

对鸡群进行认真观察，掌握鸡群状况，把问题解决在萌芽状态，是提高生态养鸡经济效益的重要措施，也是一般饲养者往往容易忽视的问题。

平时要认真观察鸡群的状况，发现个别鸡出现异常，及时分析和处理，防止传染性疾病的发生和流行。

（1）**早晨放鸡前观察个体和群体** 个体看鸡冠、肉垂颜色及羽毛、肛门污染状况。鸡冠肉垂颜色是鸡只健康和产蛋状况的重要标志。鲜红色：是健康鸡的正常颜色。白色：表明机体消耗过大，一般为营养缺乏的休产鸡。黄色：是机能障碍或患有寄生虫病的表现。紫色：通常是患鸡痘、禽霍乱的病鸡。黑色：一般患有马立克氏病、鸡痘或因冻伤所致。鸡周身掉毛，但鸡舍内未见羽毛，说明被其他鸡吃掉，这是鸡体内缺硫所致，应采取补硫措施。鸡在换羽结束、开产前及开产初期羽毛应是光亮的，如果不光亮，则是由于缺乏胆固醇，要补喂一些胆固醇含量高的饲料。产蛋后期羽毛不光亮、污浊无光或背部掉毛的为高产鸡。同时，也可观察肛门污浊情况。鸡在产蛋期，肛门周围都有粪便污染的痕迹。停产期及不产蛋鸡的肛门清洁。腹部羽毛丰满光滑。若肛门周围有黄色、绿色粪便或有黏液附着，并伴有其他异常表现，则表明鸡患有疾病。

群体看活动情况。健康鸡总是争先恐后向外飞跑，弱者常常落在后边，病鸡不愿离舍或留在栖架上。通过观察可及时发现病鸡，及时治疗和隔离，以免疫情传播。

（2）**放鸡后清扫鸡舍时观察鸡粪状况** 正常的鸡粪便是软硬适中的堆状

或条状物，上面覆有少量的白色尿酸盐沉积物。灰色干粪、褐色稠粪属于正常粪便，其恶臭的气味是由于鸡粪在盲肠停留时间较长所致。红色、棕红色稀粪，说明肠道内有血，可能是患有鸡白痢或球虫病；黏液状的患有卵巢炎、腹膜炎，这种鸡应尽快淘汰。黄绿色或黄白色并附有黏液、血液等的恶臭稀粪，多见于鸡新城疫、禽霍乱、伤寒等急性传染病，发现后应立即隔离，全面诊断。白色糊状或石灰浆样的稀粪，多见于雏鸡白痢杆菌病、传染性法氏囊病等，发现后须立即隔离，确诊后予以淘汰。

（3）**放养补料时观察鸡的精神状态和吃料**　健康鸡群表现为鸡群活泼，反应灵敏。部分鸡精神沉郁，离群闭目呆立、羽毛蓬乱、翅膀下垂、呼吸有声等是发病的预兆或处于发病初期。部分鸡精神委顿，说明有严重疫病出现，应尽快予以诊治。

食欲旺盛，说明鸡生理状况正常，健康无病。减食，一般是饲料突然改变、饲养员更换、鸡群受惊等因素所致。不食，表明鸡处于重病状态。异食，说明饲料营养不全，矿物质和微量元素不足。挑食，是因饲料搭配不当、适口性差所致。

（4）**晚上观察鸡群的呼吸状况**　晚上关灯后倾听鸡的呼吸是否正常，若带有"咯咯"声，则说明呼吸道有疾病。

28. 为什么刚开产的青年鸡容易生病?

对于蛋用型鸡或肉蛋兼用型鸡个体来说，产蛋对其本身的应激反应是非常大的，这包括开产应激、营养物质供应不足、体内物质的大量流失等。

（1）**开产应激**　开产伊始，由青年鸡转为产蛋鸡，卵巢和输卵管都处于生长发育阶段，而此时机体内雌性激素分泌还不稳定，生殖系统发育会受到很大的影响；同时，较高的利用频率会引起母鸡不适，抵抗力下降，所以这时期输卵管炎的发生概率非常高。

（2）**体内物质的流失**　母鸡开产后，每天获得的营养，除产下的鸡蛋外，还应保证母鸡自身的营养供应及体重增加；此时饲料的转换、成分的更改（特别是蛋白质的增加、钙含量的加大）会引起产蛋鸡的应激反应；另外，产蛋消耗的营养逐渐加大，所以这时候的营养极易缺乏，引起疾病的发生；特别是重要物质如钙、磷和维生素容易供应不足或利用不良。

（3）**疾病的发生**　青年鸡经常发生的疾病如非典型新城疫、沙门氏菌感染等，会导致青年鸡发育不良，体成熟较晚。进入产蛋期后，产蛋的应激、营养的消耗，使母鸡的体质容易变差，影响自身的免疫力，这样会导致潜伏于母鸡体内的致病菌暴发和体外疾病的感染率增加；特别像流感、减蛋综合征这些病毒，长期潜伏于母鸡体内，青年鸡时不表现临床症状，而一旦到了产蛋高峰期，母鸡免疫力降低时就会暴发，这也是为什么很多产蛋鸡高峰期容易发病而导致产蛋率上不去的原因之一。

29. 开产前如何饲养管理才能让鸡少生病？

生态养鸡能否有一个高而稳定的产蛋率，在很大程度上取决于饲养管理。而开产前和产蛋高峰期的饲养管理尤为重要。重视这两个阶段的饲养管理，可获得较好的饲养效果。

（1）调整开产前体重 开产前 3 周（18 ～ 19 周龄），务必对鸡群进行体重的抽测，看其是否达到标准体重。不同的鸡种有不同的体重标准，对于太行鸡来说，此时平均体重应达 1 300 克以上，最低体重 1 250 克，群体较整齐，发育一致。如果体重低于此数，应采取果断措施，或加大补料数量，或提高饲料的营养含量，或二者兼而有之。

（2）备好产蛋箱 开始产蛋的前 1 周，将产蛋箱准备好，让其适应环境。

（3）改换日粮 是指由生长日粮换为产蛋日粮，开产时增加光照时间要与改换日粮相配合，如只增加光照，不改换饲料，易造成生殖系统与鸡整体发育的不协调。如只改换日粮不增加光照，又会使鸡体积聚脂肪，故一般在增加光照 1 周后改换饲粮。

（4）调整饲料中的钙水平 产蛋鸡对钙的需要量比生长鸡多 3 ～ 4 倍。笼养条件下，产蛋鸡饲料中一般含钙 3% ～ 3.5%，不超过 4%。而生态放养鸡的产蛋率低于笼养鸡；此外，鸡可以在林下获得较多的矿物质。因此，生态养鸡的钙补充量低于笼养鸡。根据我们的经验，19 周龄以后，饲料中钙的水平提高到 1.75%，20 ～ 21 周龄提高到 3%。

对产蛋鸡适当补钙应注意的是：如对产蛋鸡喂过多的钙，不但抑制其食欲，也会影响磷、铁、铜、钴、镁、锌等矿物质的吸收。同时，也不能过早补钙，补早了反而不利于钙在骨骼中的沉积。这是因为生长后期如饲料中含钙量少时，小母鸡体内保留钙的能力就较高，此时需要的钙量不多。在实践中可以采用的补钙方法是：当鸡群见第一枚蛋时，或开产前 2 周在饲料中加一些贝壳或碳酸钙颗粒，也可放一些矿物质于料槽中，任开产鸡自由采食，直到鸡群产蛋率达 5%，再将生长饲料改为产蛋饲料。

（5）增加光照　21周龄开始逐渐增加光照。正如上面所述，增加光照与改换饲料相配合。

30.产蛋高峰期如何饲养管理才能让鸡多产蛋、少生病?

生态放养条件下，鸡获得的营养较笼养鸡少，而消耗的营养较笼养鸡多。加之，管理不如笼养那样精细，因此其产蛋率较笼养鸡低（一般低15%或以上）。在饲养管理不当的情况下，很可能没有明显的产蛋高峰。为了达到较高而稳定的产蛋率，出现长而明显的产蛋高峰，应注意以下五个问题。

（1）保证营养水平　对于生态养鸡而言，其活动量很大，消耗的热量多，因此饲料的补充能量占据非常重要的位置，应该是首位的；此外，还应满足蛋白质，特别是必需氨基酸、钙、磷、维生素A、维生素D、维生素E的需要。

（2）增加补料量　试验表明，添加不同的饲料补充量，鸡的产蛋率不同。随着补料量的增加，产蛋性能逐渐提高。根据笔者研究，在一般草场放养的产蛋高峰期，每只鸡每日精料补充量以70～90克为宜。

（3）保持环境稳定、安静，防止应激反应　高峰产蛋率一旦突然下降，就不可能再恢复。因此，日常管理中要保持一个相对稳定的环境，特别是防止受到惊吓，如陌生人的进入、野生动物的侵入、剧烈的爆炸声和其他噪声等而造成的惊群，保证高峰时间的产蛋率。

（4）保证鸡群的健康　产蛋高峰期间母鸡代谢强度大，繁殖机能旺盛，摄取的营养物质多于产蛋前。产蛋高峰期也是蛋鸡最脆弱的时期，容易感染疾病或受到其他应激因素的影响而发病，或处于亚健康状态，影响生产潜力的发挥。因此，在此状况下，鸡体易感染疾病，所以要特别注意搞好鸡舍卫生、饮水卫生、饲料卫生和场地卫生，消除疾病的隐患。

（5）严防啄癖　产蛋高峰期，由于光照、环境不良或营养不足，可能出现个别鸡互啄（啄肛、啄羽等）现象。如果发现不及时，被啄的鸡很快被啄死。因此，应认真观察，及时隔离被啄鸡，并予以治疗。如果发生啄癖的鸡比例较高，应查明原因，尽快纠正。

31.为什么要及时淘汰低产鸡、病残鸡?

鸡群中的病残次鸡，不仅没有生产价值或生产价值不大，而且往往带菌（毒），是鸡群疫病的最主要传染源之一，具有传播疫病的危险。淘汰可提高群体均匀度和生产水平，从而使鸡群易于管理，减少生产开支，提高经济效益。

（1）淘汰依据 ①鸡体变化。产蛋鸡的冠和肉髯大，色鲜红，细润，触之温暖。不产蛋的鸡冠和肉髯小，色淡、干燥，触之无温感。产蛋鸡的泄殖腔大而湿润，膨胀而柔软，原来的黄色较淡或消失；不产蛋鸡的泄殖腔小，干燥紧缩，多为黄色。产蛋鸡的两耻骨扩张，间距增大可容2～3指，耻骨变薄而富有弹性；不产蛋者耻骨间距小而且向内弯曲。

②色素变换。根据黄色皮肤品种的色素消退情况来判断产蛋的多少和持续性。鸡的肛门、眼睑、耳叶、喙、胫部及脚趾的表皮层含有黄色素。

开产后，黄色素逐渐向蛋黄转移。消退和恢复的快慢、色素的深浅与饲料中黄色素含量有关，也与产蛋量有关。开产后逐渐消退，停产后又逐渐恢复，可据此来判断鸡的产蛋情况。

③羽毛更换。换羽时，大量的营养物质用于换羽，母鸡即开始停产或产蛋减少。低产鸡换羽早，时间持续长，停产或产蛋极少；高产鸡换羽迟，时间持续短，停产很短或照常产蛋。低产鸡羽毛整齐清洁，表现为羽毛边缘整齐，羽片清洁，羽轴柔软粗大，不透明，有时还可看到血红色；高产鸡羽毛表现较陈旧，羽毛边缘残缺，羽片陈旧污秽，羽轴坚硬、透明。

（2）淘汰方法 ①经常性淘汰。结合喂料捡蛋、免疫等日常饲养管理工作一起进行。饲养员或管理人员应经常注意观察鸡群，把正常的鸡同病残次鸡区别开来，及时挑出，淘汰处理。

②病后淘汰。鸡群患病后，经过处理和治疗，大部分鸡只能够恢复正常，但一部分会留下后遗症，鸡只的生产性能降低，且多为病愈带菌（毒）鸡。因此，在鸡群发生疫病后，经治疗等处理，恢复正常15～30天后，对鸡群进行一次全面的检查，发现病、残次鸡只，要严格淘汰。

③阶段性淘汰。常伴随着饲养管理，如断喙、分群、转群、免疫接种时进行，主要淘汰病、残鸡，消瘦、体重严重不达标的；产蛋高峰过后1个月时，淘汰低产鸡或未产鸡；之后1～2个月淘汰一次。

32. 生态养鸡春季管理的重点有哪些?

生态养鸡，鸡大部分时间是在林地、果园等野外环境下生存、生活，林地的气候条件如温度、湿度、光照、风、雨雪等及野生动植物饲料状况对鸡群的活动和采食情况有较大影响。

不同季节外界气候条件和野生饲料资源的类型和丰歉程度差异很大，林地养鸡一定要根据不同季节的气候特点和野生饲料特点，采用不同的管理措施，以保证鸡群的健康和较高的生产性能。春季生态养鸡应注意以下四个重点。

（1）放牧时间的确定　春季放牧的时间应根据当地气温、牧草的生长情况而定。春季育雏一般在 4 月中旬以后，当气温较高而相对稳定时开始到林地放养。成年鸡则要根据林地牧草的生长情况确定合适的放牧时间。放牧不可过早，否则草还没有充分生长便被采食，草芽被鸡迅速一扫而光，造成草场的退化，牧草以后难以生长。

（2）注意天气变化　春季天气逐渐变暖，温度逐渐升高，光照时间也逐渐变长，是孵化和育雏的好时候，也是鸡产蛋旺季。但早春气候较寒冷多变，会出现倒春寒，影响鸡的生产性能，尤其低温对鸡的产蛋有较大影响。应时刻注意气温的变化，做好防寒保暖措施。如采用加厚垫料，及时清除、更换鸡舍内潮湿、霉变的垫料，保持干燥，加挂草帘，火炉取暖等方法加强保温，使棚舍温度最低维持在 3～5℃。阴天气温低时，减少鸡的放养时间。

（3）保证营养　春天是蛋鸡产蛋上升较快的时段，早春又是乏青季节。为保证产蛋率的快速上升，要保证充足的能量，在保证补饲料量的前提下，可补充一定数量的青绿饲料。种鸡饲料中应补充一定数量的维生素和微量元素，以保证种蛋质量，提高产蛋率和孵化率。

（4）预防疾病　春季温度升高，是病原微生物繁衍的时机。鸡群在林地活动，接触病原体的机会多，感染的概率较大，较易发生沙门氏菌、球虫等疾病。因此，疫苗注射、药物预防和环境消毒各项措施都应引起高度重视。对鸡可饮水消毒，在饮水中加入一定比例的消毒剂，如百毒杀，每周 1 次。过夜鸡舍地面可用石灰粉消毒，用生石灰 1 千克，加水 350 毫升，制成消毒石灰粉末撒施。

33. 夏季生态养鸡如何做好疫病防控?

（1）了解疫病发生特点　我国大部分地区夏季气候闷热，多雨潮湿。高温高湿会导致鸡体热调节困难，体热平衡破坏，引起热应激，同时免疫机能下降。严重时发生中暑。

夏季气温高，鸡的采食量少，营养摄取量不足，容易引起营养代谢病。

夏季气温高、雨水多、湿度大，易发以腹泻为主要症状的肠道性疾病，如大肠杆菌、沙门氏菌、魏氏梭菌、球虫、新城疫病毒等。各种病原微生物在适宜的条件下感染进而引起腹泻；也可由于饲料的变换、温湿度变化等导致肠道内环境发生改变，使肠道内菌群平衡失调，有可能发生肠道性疾病；疫苗免疫、气候突变、热应激等各种应激因素导致鸡体抵抗力下降，进而发生肠道性腹泻。

鸡球虫、鸡蛔虫、线虫感染等寄生虫病在高温、潮湿季节发病率高。如球虫在气温 23～30℃的潮湿环境中发育良好，5—9 月球虫病发病率高，以6—8 月严重。

夏季蚊、蝇、蜱、螨等有害昆虫多，作为许多鸡病的传播媒介，通过叮咬，会造成某些鸡病的发生。如鸡住白细胞原虫成熟的卵囊含有很多孢子，聚集在库蠓的唾液内，库蠓叮咬通过血液时可传染给鸡，库蠓滋生繁殖的炎热季节多发生鸡住白细胞原虫病。

夏季雨水多，玉米、小麦等饲料易发霉变质，鸡采食后易发霉菌中毒。

（2）做好疾病防控措施 ①搞好环境卫生。夏季蚊虫和微生物活动猖獗，雨水较多，粪便和饲料容易发酵，环境容易污染。应注意搞好环境卫生，每周带鸡消毒 2～3 次，控制蚊蝇滋生，定期驱除体内寄生虫，保证鸡体健康。

②防暑降温。夏季气温高，影响鸡的食欲、饲料的转化率、鸡的产蛋率、孵化率等生产性能。防暑降温是夏季的工作重点。鸡对高温的适应能力很差，防暑降温是夏季管理的关键环节。尤其夏季中午场地地面温度高，如果不注意采取防暑措施，鸡会出现不适反应，如气温超过 31℃，鸡张口喘气，活动减少，采食量下降，饮水增多。让鸡在有树阴的地方活动、休息，也可在散养地设置凉棚，为鸡提供防晒乘凉避雨的场所。

③防止潮湿。夏季多雨，容易造成饲养场地潮湿。林地排水设施完善，排水沟畅通，场内不能存在积水。雨后及时检查修复围栏。经常更换舍内垫料，以保持舍内相对干燥。舍内地面可铺草木灰，可以吸潮并有一定的消毒作用。

④防止饲料霉变。饲料应存放于干燥、通风处，不能长时间积压。自配饲料应注意添加防霉剂。

⑤科学饲养。供给充足、清凉饮水。夏季天气炎热，鸡的饮水量增加。要给鸡提供充足的清凉、洁净的饮水。把饮水器放在树阴下，避免阳光直射，及时更换饮水，给鸡饮用凉水以减轻高温对鸡的影响。还可在饮水中添加碳酸氢钠、氯化铵等抗热应激制剂，减轻热应激的危害。同时，要调整日粮结

构，改善饲喂措施。炎热环境导致鸡的采食量减少，生产性能下降，可适当调整日粮，以补偿因高温引起的营养摄入量的减少，满足鸡的营养需要。在放养地适当增加饮水器数量，运动场和鸡舍内保证有充足的饮水器和食槽，利用早晨和傍晚天气凉爽时补料，让鸡群尽可能地多吃料，保证有足够的营养摄入。

⑥加强管理。在高温天气傍晚让鸡在鸡舍前场地活动乘凉，晚入鸡舍；降低饲养密度；夏季暴风雨较多，要在雷雨之前，将鸡赶回鸡舍或让其在遮雨棚下避雨。

34. 秋季生态养鸡如何做好疫病防控?

进入秋季，炎热的天气渐渐消散，转而替代的是秋高气爽的天气，而且秋季昼夜温差大，对于抵抗力较差的鸡来说容易患病。因此秋季生态养鸡要关注以下几个重点。

（1）细致观察，隔离弱鸡　每天早晚补饲时，观察鸡的脸部颜色、食欲、粪便、灵活性等，对精神萎靡、吃食少甚至不吃食者、粪便异常者应隔离喂养，发现病情及时治疗，鸡体恢复正常后再放归鸡群。

（2）扩大场地，节约饲料　在农作物收获后，可扩大放养场地，让鸡群采食未收净的农作物籽粒，减少饲料用量，降低养殖成本。

（3）灯光诱虫，增加营养　晚上用高亮度灯光（最好是高压汞灯）吸引昆虫进入灯下的水盆中，或在灯下张袋收集昆虫，昆虫皆为动物蛋白，柴鸡食后生长快，羽毛丰满，抗病力强，产蛋多。

（4）注意卫生，预防疾病　早秋仍天气闷热，高温高湿，尤其是遇秋雨连绵的天气，生态放养要注意球虫病。对水槽、料槽每天冲洗，定期消毒，鸡舍做到通风、干燥、没有异味。以防止其他鸡病的发生。此外，还要注意呼吸道病、鸡痘和霉菌毒素的污染等。

①采取多种措施，严防呼吸道病发生。秋季早晚较凉、白天较热，昼夜温差增大，是呼吸道疾病多发期，此时经常有冷空气由北方南下，气温骤然下降，如果存在管理不善、环境较差、消毒不勤、密度较大等情况极易诱发呼吸道疾病，且难以治愈，不仅造成产蛋率大幅下降，严重者甚至全群淘汰。适当减低鸡舍密度，一个鸡舍容量以每只鸡栖息位置以栖架长度的 20～25 厘米且鸡只全部在栖息架上为宜；加强鸡舍晚上通风换气，晚上鸡只全部回到鸡舍，鸡群密度大、鸡粪产量大，有害气体含量严重超标，此时开放式鸡

舍也应间断开启风机保证通风换气，确保空气清新。白天应及时清粪、消毒，保证鸡舍整洁、卫生；尽量减小昼夜温差，防止冷应激发生，注意收听天气预报，做好越冬准备，在寒潮来临之前做好鸡舍保暖工作，避免鸡群因强冷应激而引发呼吸道病；加强药物预防，在天气骤变时，应及时加入麻杏石甘散、清肺止咳散等中药预防呼吸道病，提高维生素A的用量；做好新城疫、流感等病毒病的免疫接种工作，鸡群经过夏季高温长时间热应激，抗体下降快，为了使鸡群能健康的稳产，必须及时进行补免，使鸡群的体液免疫和细胞免疫均处于较好状态，这是保证蛋鸡在秋冬季不发或少发呼吸道病很关键的一点，许多散养鸡场在秋季正好蛋鸡处于产蛋高峰期，不想因接种疫苗影响产蛋而忽视此步，造成秋冬季病毒病的发生，甚至不得不提前把鸡淘汰掉。

②控制蚊虫，预防鸡痘。鸡痘是鸡的一种高度接触性传染病，在秋季最容易流行，应减少蚊虫在鸡舍周围存在的机会，消灭舍内蚊虫，按时接种鸡痘疫苗。

③采取必要措施，防控霉菌毒素危害。霉菌毒素危害很大，会对鸡群造成慢性疾病，使得生产发育缓慢、产蛋率上不去、鸡只每天出现伤亡等情况发生，因此必须对防控霉菌毒素高度重视。一是加强补充饲料生产管理，严把饲料采购关，杜绝霉变原料入库，尤其是秋季新玉米含水量高、发生霉变概率大，暂不采购，可用陈玉米或其他代用原料；控制好仓库温湿度、防止饲料原料在贮存中霉变；加工好的饲料尽量减少存放时间，防止饲料在料槽中发生霉变。二是合理使用饲料脱霉剂：选择具有广谱抑菌效果、pH值低、在低水分日粮中易于释放、使用安全高效的产品。

（5）环境安静，预防应激 要采取一切有效措施，保证养殖场环境的安静，防止轰赶、惊吓、喧闹，禁止生人进入放牧场，防止黄鼠狼、猫、狗以及鹰类天敌的侵害，避免鸡群应激的发生。

（6）增加光照，正常产蛋 随着秋季夜长昼短的变化，光照不足会影响产蛋率。对产蛋母鸡在归巢后要适时补充光照，自然光照加补充光照一天应16小时为宜。补光在天亮之前进行效果较好。

（7）全进全出，及时补栏 一般情况下，每年中秋节之前，生态养殖的鸡肉、鸡蛋进入价格高峰期，应淘汰的产蛋母鸡和育肥公鸡应抓住秋高气爽、温度适宜的大好时机抓紧育肥，及时出售。对空鸡舍、设备、用具要进行彻底消毒，并对放牧场喷洒消毒，净场2周后及时补栏。秋季育雏成活率高。出售、补栏应实行全进全出，这样可有效防止疫病发生。

35.冬季生态养鸡如何做好疫病防控?

生产中发现，很多鸡场冬季饲养的柴鸡不产蛋。更多的鸡场生产的鸡蛋品质差，尤其是蛋黄颜色浅，出售困难。冬季怎样才能提高产蛋率和鸡蛋品质呢？根据我们多年的实践，提出如下技术措施。

（1）**舍养保温**　冬季草地没有什么可采食的东西，如果继续舍外放养，就会消耗许多能量，有些鸡由于能量的负平衡而停止产蛋。应采取舍内圈养，加强鸡舍保温，方可保证冬季较高的产蛋率。建议鸡舍阳面搭建塑料棚，不但增加了运动场地，而且通过塑料暖棚，增加光照和增温。

（2）**增强营养供应**　冬季天气寒冷，机体散热多。因此，饲料的配合不仅要增加能量饲料的比例，饲料的补充量也应有所增加。如果没有足够的营养供应，会造成严重的营养负平衡，山鸡的产蛋率会急剧下降，甚至停产。

（3）**重视补青补粗**　野生山鸡的特点是在户外自由生长，人工饲养山鸡应该适当放牧，否则很难保证品质。如果适当补充青绿多汁饲料，可弥补圈养的不足。饲料中要强化维生素添加剂，提升人工饲养山鸡的品质。

（4）**补充光照**　在冬季短光照环境下，应通过早、晚补充人工光照，使每天光照达到16小时，满足山鸡生长需要。

（5）**加强通风**　冬季是家禽呼吸道传染病的流行季节，应提前预防各类呼吸道疾病，加强鸡舍通风。一旦发现病情应立即隔离，并使用相应的药物进行治疗，使其早日康复。同时，每隔5～7天用百毒杀等消毒剂进行消毒，以免发生疫病。

（6）**防止野兽侵袭**　冬季野生动物捕捉的猎物减少，因而对野外养鸡威胁很大，尤以黄鼠狼为甚，应严加防范。

36.林下生态养鸡如何降低给果树打药对鸡的影响?

（1）**果树打药对鸡的影响**　不管打什么农药，对林下生态鸡群都有影响，程度轻重而异。果树打药不但对林下鸡群有影响，对进入林区的人和其他动物都有影响。有些影响很低，有些是暂时影响但很快恢复，有些是通过采取某些措施，如暂时隔离，影响可以消除。如果使用了剧毒农药，或者使用方法不正确，可导致鸡群农药中毒。

（2）**降低影响的措施**　①选用无公害低毒农药。杀菌剂类可选用石硫合剂、多硫化钡、波尔多液、三唑类、复合杀菌剂等，杀虫杀螨剂可选用阿维菌素类、吡虫啉、除虫脲类等，其中大部分低毒农药是无公害的，杀虫杀螨剂选用阿维菌素、除虫脲类，对人、畜安全。②绿化防控减少农药用量。喷施果树用药，不要随意加大用药浓度，不要近距离打药，改变不良喷施习惯，可以施用更先进的喷雾器，做到一次喷施农药均匀覆盖，不漏喷不重喷，减少对林下鸡群的影响。

37. 生态养鸡灭虫时如何选择高效、低毒的无公害农药？

在林地养鸡的时候，因为各种虫害，严重影响鸡群的健康生长，因此需要养殖人员采取一定的防治措施，比如说采用杀虫剂防治。林地养鸡灭虫常用杀虫剂主要有阿维菌素、BT 杀虫剂、苦参碱、灭幼脲 3 号、印楝素等。

（1）阿维菌素　又称杀虫素、虫螨素、爱比菌素、爱福丁、菜农乐等，是一种高效、低残留的广谱性抗生素类杀虫杀螨剂，虽然不能杀卵，但对害虫具有胃毒和触杀作用，能有效防治鳞翅目、双翅目、同翅目害虫，比如说桃小食心虫、刺蛾、甜菜夜蛾、潜叶蛾、梨木虱以及叶螨等。阿维菌素杀虫速度较慢，但是持效期长，而且害虫还不容易产生耐药性。使用阿维菌素防治鳞翅目幼虫时，一般使用 1.8% 阿维菌素乳油 2 000～3 000 倍液；防治蚜虫、红蜘蛛时，一般使用 3 000～5 000 倍液，或 1% 阿维菌素 1 500 倍液。由于该药剂对鱼类高毒，因此使用需谨慎，不能污染河流、水塘，同时不要在蜜蜂采蜜期施药。

（2）BT 杀虫剂　也称苏云金杆菌、灭蛾灵等，可以防治多种害虫，特别是鳞翅目害虫效果最佳。BT 杀虫剂能产生内毒素和外毒素两大类毒素。内毒素能使昆虫肠组织几分钟内麻痹而停止取食，并且能在短时间内破坏肠内膜，导致昆虫最后因为饥饿和败血而死亡。外毒素能明显阻止昆虫蜕皮和变态而致死。在使用 BT 杀虫剂防治鳞翅目害虫时，一般在害虫卵孵化高峰至幼虫 1～2 龄高峰期用 BT 乳剂 800～1 000 倍液进行喷洒。需要注意的是，该药剂不能与内吸性有机磷杀虫剂、杀菌剂混合使用。

（3）苦参碱　即百草一号，是天然植物性农药，对人、畜低毒，是一种具有触杀和胃毒作用的广谱性杀虫剂，对鳞翅目害虫有很好的防治效果。苦参碱一般在害虫幼虫期使用 0.36% 苦参碱水剂 1 000～1 500 倍液喷雾防治。

（4）灭幼脲 3 号　抑制昆虫几丁质合成酶的形成，从而阻止昆虫蜕皮变态而死亡。灭幼脲 3 号主要具有胃毒作用，其次为触杀，一般喷药后 3～5 天死亡，残效期 15～20 天，对有益动物安全。主要用于防治鳞翅目害虫，在害虫幼虫1～2龄期用25%灭幼脲3号悬浮剂2 000～3 000倍液喷雾防治。需要注意的是，该药剂不能与碱性物质混用。

（5）印棟素 印棟素为高效、低毒的新型植物源杀虫剂，对昆虫有强烈拒食驱避和抑制生长的作用，能抑制和阻止昆虫蜕皮、降低肠道活力，具胃毒和触杀作用，能有效防治鳞翅目害虫及潜叶蝇、叶蝉、叶螨等多种害虫。在各类害虫发生期可用0.3%印棟素乳油500～600倍液喷雾防治。需要注意的是，该药剂不能与碱性化肥、农药混用。

第七章 生态养鸡场的隔离与消毒

1. 为什么生态养鸡也要强调隔离饲养?

隔离饲养是国内外普遍采用的综合防疫措施之一，就是要求对鸡场、鸡舍和鸡群都实行严格的隔离。隔离的最终目的是阻断病原微生物的传播。在隔离条件下养鸡，才能保证鸡群健康。隔离饲养是鸡场中必须做到且又是十分有效的防疫措施，主要有以下三个方面。

（1）鸡场间隔离 生态鸡场应设在环境安静、卫生的地方，应远离城镇村庄2～20千米，远离其他畜禽产品加工厂，远离交通干道。畜禽场是重要的病原滋生和潜伏场所；屠宰场和畜产品加工厂是重要的病原污染源。所以鸡场之间及鸡场和屠宰场间的隔离非常重要，距离应在2千米以上。

（2）鸡场中隔离 鸡场中生产区和生活区（宿舍、食堂、办公室等），必须严格分开。隔离措施主要是距离和围墙等。生产区应在生活区的上风向处。

（3）鸡群（舍）间的距离 鸡群之间要设立隔离带（网），既方便划区轮牧，又方便防疫。鸡舍间距离在条件允许的情况下越远越好，但至少应保证在20米以上。尽量避免鸡舍中的设备、工具、饲料、饮水等串栋使用，不得已的情况下必须进行彻底有效的消毒。

2. 如何做好放养鸡的生态隔离?

山林果园生态养鸡虽然空气新鲜，鸡群活动量大，活动范围广，并且主要吃野菜、嫩草、草籽、昆虫等无污染的饲料，机体健康。但如果不加预防，鸡群也会生病，尤其是传染病，如新城疫、传染性法氏囊病、传染性支气管炎、鸡痘、流行性感冒等。一旦发病，有效的治疗措施较少，治疗的经济价值也较低，有些病即使治好了，也会影响其生产性能，降低经济效益，因此要认真做好预防工作。重点从以下三方面把好关。

（1）**防范兽害**　果园养鸡要注意严防兽害。野外养鸡要特别注意预防鼠、黄鼠狼、野狗、狐狸、鹰、蛇等天敌的侵袭。为防止各种敌兽害侵袭，要对养殖环境进行必要的改造：鸡群活动范围的边界上，应埋设1.5～2米高的铁丝网或尼龙网；也可密集埋植树枝篱笆，配合栽种葫芦、扁豆、佛手瓜、南瓜等秧蔓植物加以隔离阻挡；种植带刺的洋槐枝条、野酸枣树或花椒树，阻挡人、兽的效果最为理想。鸡舍不能过分简陋，应及时堵塞墙体上的大小洞口，鸡舍门窗用铁丝网或尼龙网拦好。育雏前最好统一灭鼠；进出育雏室应随手关好门、窗。同时要加强值班和巡查，检查放养场地兽类出没情况。为防止野生动物危害，可以在鸡舍外面悬挂几个灯泡，使鸡舍外面通宵比较明亮；在鸡舍外面搭个小棚，养几只鹅可以防止黄鼠狼对鸡群的危害。当有动静的时候，鹅会鸣叫，饲养人员可以及时起来查看；管理人员住在鸡舍旁边也有助于防止野生动物靠近。饲养猎狗也是一种可行的方法。

（2）**防范恶劣天气**　夏季雷雨多见，狂风、雷电、洪水也会对鸡群造成严重危害。草地、荒坡等野外放养环境内，适当搭建一些简易的小凉棚，凉棚顶部盖油毡，棚内铺垫干净的河沙，以便遮阳挡雨，满足鸡群临时休憩和沙浴的需要，凉棚地势要高，周边活动半径以不超过50米为宜。

冬季注意北方强冷空气南下，夏季注意风云突变，谨防刮大风下大雨。尤其是放养的头一两周，要注意收听天气预报，时刻观察天空风云的变化，放养3周龄后抗病力强了一般问题不大。恶劣天气或天气不好时不要上山放养，并及时将鸡群赶回棚内，避免鸡的死伤造成损失。

（3）**防止农药中毒**　为防治病虫害，果园、林地等地方需要在一定时期喷洒药物。在喷洒对鸡有危害作用的农药时，要把鸡圈在鸡舍内饲养，而且在喷药后的果园内不能采集青绿色饲料喂鸡。

3. 生态养鸡的场地和鸡舍还要消毒吗?

生态养鸡，由于阳光充足、微生物分解，环境的自净作用强，除非发生传染性疾病，一般放养区不需要进行消毒。但是，搭建的鸡舍、临时避难所、补料的场所、产蛋窝周边必须加强消毒。因为放养区面积大，鸡在单位面积内的活动频率低，加之舍外的诸多有利因素，不用人工消毒，通过自然清洁、消毒基本上可以做到环境的净化。而搭建鸡舍及其周围环境则不同，鸡在此环境下休息、活动频繁，污染物较多，湿度较大，如果不注意加强消毒，病原菌繁衍的机会就会增加。因此，要注意局部环境的卫生管理工作。

鸡舍地面、临时避难所、补料的场所、产蛋窝周边每日打扫，定期消毒。水槽、料槽每日刷洗，清除槽内的鸡粪和其他杂物，让水槽、料槽保持清洁卫生，放养区进、出口设消毒带或消毒池。栖架定期清理和消毒。生态放养区谢绝参观。放养的鸡应实行全进全出制，每批鸡放养完后，应对鸡棚彻底清扫、消毒，对所用器具、盆槽等熏蒸消毒 1 次。同时，放养场地要安排 1～2 周的空场净化期。

4. 生态鸡场内搭建的鸡舍如何进行消毒？

鸡舍的消毒应按清扫→冲洗→喷洒消毒→熏蒸消毒的步骤进行。清理鸡舍内鸡粪后再彻底清扫鸡舍，包括顶棚、死角、鸡舍四壁、地面等。

用高压水枪对鸡舍顶棚、死角、墙壁、地面等进行彻底冲洗，使鸡舍内不得存有灰尘、蜘蛛网等。网架的底面不得残存鸡粪，使舍内真正达到清洁。选用 2%～3% 的火碱水（不能用于金属制品）、甲醛（用水 1∶1 稀释后直接喷洒）、10% 的石灰水等喷洒鸡舍。

喷洒的顺序是：地面→顶棚→墙壁→设备→地面。喷洒消毒必须坚持消毒→干燥鸡舍→再消毒→再干燥鸡舍的步骤，以保证取得较好的效果。

对鸡舍外的场地、道路和某些死角，每周进行 1～2 次清扫和消毒，宜在早、晚进行。消毒剂可使用烧碱、漂白粉或 84 消毒液等。先彻底清扫场地和道路上的垃圾、污物，再用喷雾器喷洒消毒剂。

5. 生态鸡场进出口如何消毒？

规模化生态鸡场，在出入口处应设紫外线消毒间和消毒池。鸡场的工作人员和饲养人员在进入饲养区前，必须在消毒间更换工作衣、鞋、帽，穿戴整齐后进行紫外线消毒 10 分钟，再经消毒池进入鸡场饲养区。育雏舍和育成舍门前出入口也应设消毒槽，门内放置消毒缸（盆）。饲养员在饲喂前，先将洗干净的双手放在盛有消毒液的消毒缸（盆）内浸泡消毒几分钟。

消毒池和消毒槽内的消毒液，常用 2% 火碱水或 20% 石灰乳以及其他消毒剂配成的消毒液。浸泡双手的消毒液通常用 0.1% 新洁尔灭或 0.05% 百毒杀溶液。

鸡场通往各鸡舍的道路也要每天用消毒药剂进行喷洒。各鸡舍应结合具体情况采用定期消毒和临时性消毒。鸡舍的用具必须固定在饲养人员各自管理的鸡舍内，不准相互串用，同时饲养人员也不能相互串舍。

除此以外，鸡场应谢绝参观。外来人员和非生产人员不得随意进入饲养区，场外车辆及用具等也不允许随意进入鸡场，凡进入饲养区内的车辆和人员及其用具等必须进行严格的消毒，以杜绝外来的病原体带入场内。

有很多疾病是经进鸡舍人员的鞋带入的。做好入舍人员的脚部消毒，对预防鸡传染病效果非常明显。养鸡场门口设脚部消毒槽，冬季用生石灰，其他季节用3%氢氧化钠溶液；消毒槽内放消毒垫比较适用，选用草垫子、海绵、麻袋片、饲料袋等均可；每天更换或添加1～2次消毒液；养鸡场门口设消毒槽，要持之以恒，长期使用，要改变消毒槽只给服务人员使用的错误做法。

6. 车辆如何消毒?

运输饲料、产品等车辆，是鸡场经常出入的运输工具。这类车辆与出入的人员比较，不但面积大，而且所携带的病原微生物也多，因此对车辆更有必要进行消毒。为了便于消毒，规模化生态养鸡场可在大门口设置与门同等宽的自动化喷雾消毒装置。小规模生态鸡场也可设喷雾消毒器，对出入车辆的车身和底盘进行喷雾消毒。消毒槽（池）内铺草垫浸以消毒液，供车辆通过时进行轮胎消毒。有的在门口撒干石灰，那是起不到消毒作用的。

车辆消毒应选用对车体涂层和金属部件无损伤的消毒剂，具有强酸性的消毒剂不适合用于车辆消毒。消毒槽（池）的消毒剂，最好选用耐有机物、耐日光、不易挥发、杀菌谱广、杀菌力强的消毒剂，并按时更换，以保持消毒效果。车辆消毒一般可使用百毒杀、强力消毒王、优氯净、过氧乙酸、苛性钠等。

7. 对病死鸡如何进行无害化处理?

在鸡生长过程中，由于各种原因会造成鸡的死亡。这些死鸡若不加处理或处理不当，尸体能很快分解腐败，散发臭气。特别应注意的是患传染病死亡的鸡，其病原微生物会污染大气、水源和土壤，造成疾病的传播与蔓延。

（1）高温处理 病死鸡尸体采用焚烧炉焚烧。此种方法能彻底消灭死鸡及其所携带的病原体，是一种彻底处理方法。

（2）土埋法 将死亡的鸡挖深沟掩埋，利用土壤的自净作用使死鸡无害化。应遵守卫生防疫要求，尸坑应远离养殖场、畜禽舍、居民点和水源，地势要高燥，掩埋深度不小于2米。填埋时，在每次投入鸡尸体后应覆盖一层厚度大约 10 厘米的熟石灰。

8. 生态养鸡的粪便如何进行无害化处理利用？

　　生态养鸡，白天的粪便被天然利用，但夜间鸡舍内粪便比较集中，需将清理出的鸡粪做无害化处理，以避免对环境产生污染。

　　鸡粪含有丰富的氮、磷、钾微量元素等植物生长所需的营养素及高量的纤维素、半纤维素、木质素等物质，是植物生长的优质有机肥料，能改良土壤结构，增加土壤有机质，提高土壤肥力。经过腐熟或发酵的畜粪中磷元素主要是有机磷，这种状态的磷肥被植物吸收与利用的效率要显著高于无机磷肥。鸡粪作为优质有机肥在改良土壤和搞好绿色食品生产方面都有很好的效果。生产实践表明，各种瓜果在种植过程中施用有机肥会使其成熟后的甜度和鲜度增加，农作物生长更为健康。

　　（1）用作肥料 常用的方法有以下 3 种。

　　①高温堆肥。粪便与其他有机物如秸秆、杂草、垃圾混合、堆积，控制适宜的相对湿度 70% 左右，创造好气发酵的环境，微生物大量繁殖，导致有机物分解转化成为植物能吸收的无机物和腐殖质。堆肥过程中产生的高温（50 ～ 70℃）使病原微生物及寄生虫卵死亡，达到无害化处理的目的，从而获得优质肥料。

　　经高温堆肥法处理后的粪便呈棕黑色、松软、无特殊臭味，不招苍蝇，无害。为了提高堆肥的肥效价值，堆肥过程中可以根据畜粪的肥效特性及植物对堆肥中营养素的特定要求，拌入一定量的无机肥及各种肥料添加物，使各种添加物经过堆肥处理后变成被植物吸收和利用率较高的有机复合肥，用于瓜果、花卉、苗木栽培等。

　　②干燥处理。干燥处理畜粪的方式和工艺较多，常有微波干燥、笼舍内干燥、大棚发酵干燥、发酵罐干燥等方式。主要问题是投入的设施成本较高，而且干燥处理过程会产生明显的臭气。

　　采用自然风干或阳光干燥法来干燥处理畜粪，但处理过程中产生的臭气较重，引起养殖场及周边环境的空气污染。也常常会受到阴雨天气的影响而得不到及时处理，降水也会引起粪水的地表径流而造成环境的严重污染。

　　③药物处理。在急需用肥的季节，或在传染病和寄生虫病严重流行的地区（尤其是血吸虫病、钩虫病等），为了快速杀灭粪便中的病原微生物和寄生虫卵，可采用化学药物消毒灭虫灭卵。

选用药物时，应采用药源广、价格低、使用方便、灭虫和杀菌效果好、不损肥效、不引起土壤残留、对作物和人畜无害的药物。常用的药物主要有尿素，添加量为粪便量的 1%；敌百虫，添加量为 10 毫克 / 千克；碳酸氢铵，添加量为 0.4%；硝酸铵，添加量为 1%。通常上述药物或添加物在常温情况下加入畜粪 1 天左右时间就可起到消毒与除虫的效果。

（2）生产沼气　沼气是有机物质在厌氧环境中，在适宜的温度、湿度、酸碱度、碳氮比等条件下，通过厌氧微生物发酵作用而产生的一种可燃气体，其主要成分是甲烷，占 60% ～ 70%。

沼气池一般由进料池、发酵池、贮气室、出料池、使用池和导气管 6 部分组成。沼气池身通常建于地下。通常在鸡粪配料中加入一定比例的杂草、植物秸秆或牛粪等含碳元素较高的物料，以保持适宜碳氮比。

沼气作为新能源，可用于鸡舍供暖、照明，职工做饭。产气后的渣汁含有较高的氮、磷微量元素及维生素，可作为鱼塘的良好饵料。沼渣也是一种无臭的良好肥料。

（3）通过水生植物的处理与利用　水生植物如浮莲、水葫芦、水花生等能够在粪水池塘中快速生长，使粪肥中的有机质、离子盐等养分被快速吸收利用。但由于其含水量高、干物质含量低，大部分又为碳水化合物，营养价值低而应用不多。水生植物浮萍、满江红等虽然蛋白质含量较高，是鱼和禽类的良好饲料，但单位水面的生产量低，难以快速处理与利用大量的畜粪，应进一步研究、开发。

（4）通过水体食物链的处理与利用　鸡粪适度地投到水体中，将有利于水中藻类的生长和繁殖，使水体能保持鱼良好的生长环境。只是应控制好水体的富营养化，避免使水中的溶解氧枯竭。在以上水体中适宜放养的鱼类以滤食性鱼类（如鲢、鳙、罗非鱼等）和杂食性鱼类（鲤、鲫、泥鳅等）为主。据有关报道，每公顷水面水体能处理不多于 2 000 ～ 4 000 羽体重为 2 千克禽类产生的粪便。

（5）用作培养料　鸡粪中的水分、碳、氮、磷等能为蚯蚓与蝇蛆提供优质食料，用于养殖蚯蚓和蝇蛆，蚯蚓和蝇蛆可作为畜禽优质蛋白饲料，也可以作为食用菌的培养料。

9. 带鸡消毒应注意哪些问题？

（1）选药　选择广谱、高效、杀菌作用强而毒性、刺激性低，对金属、塑料制品的腐蚀性小，不会残留在肉和蛋中的消毒药。常用的消毒药有百毒杀、拜洁、过氧乙酸、次氯酸钠、新洁尔灭等。

（2）科学配制药液　配制消毒药液应选择杂质较少的深井水或自来水，水温一般控制在 30～45℃。寒冷季节水温要高一些，以防水分蒸发引起鸡受凉造成鸡群患病；炎热季节水温要低一些，以便消毒，同时起到防暑降温的作用；消毒药用水稀释后稳定性变差，应现配现用，一次用完。

（3）消毒器械的选择和正确喷药　消毒器械一般选用高压动力喷雾器或背式喷雾器朝鸡舍上方以画圆圈方式喷洒，雾粒直径为 80～120 微米。雾粒太小易被鸡吸入呼吸道，引起肺水肿，甚至诱发呼吸道病；雾粒太大易造成喷雾不均匀和鸡舍太潮湿。

（4）喷雾消毒的频率和喷雾量　一般情况下，每周消毒 2～3 次，夏季，疾病多发或热应激时，可每天消毒 1～2 次。雏鸡太小不宜带鸡喷雾消毒，1 周龄后方可进行带鸡消毒。一般喷雾量按每平方米 30～50 毫升计算，平养喷雾量少一些，中、大鸡喷雾量多一些。

（5）应注意的问题　①活疫苗免疫接种前后 3 天停止带鸡消毒，以防影响免疫效果。②为避免对鸡造成应激，喷雾消毒时间最好固定，且应在暗光下进行。③消毒后应加强通风换气，便于鸡体表及鸡舍干燥。④根据不同消毒药的消毒作用、特性、成分、原理，按一定的时间交替使用，以防病原微生物对消毒药产生耐药性。

10. 消毒过程中存在哪些误区？

生态养鸡在消毒过程中存在许多误区，致使消毒达不到理想效果。常见消毒误区主要表现在以下几点。

（1）不发疫病不消毒　消毒的主要目的是杀灭传染源的病原体。传染病的发生要有 3 个基本条件：传染源、传播途径和易感动物。在生态养殖中，有时没有看到疫病发生，但外界环境已存在传染源，传染源会排出病原体。如果此时没有采取严密的消毒措施，病原体就会通过空气、饲料、饮水等传播途径，入侵鸡群，引起疫病发生。如果此时仍没有及时采取严密有效的消毒措施净化环境，环境中的病原体越积越多，达到一定程度时，就会引起疫病蔓延流行，造成严重的经济损失。

因此，消毒一定要及时有效。鸡舍消毒每周不少于 3 次，饮水始终要进行消毒并保证清洁。有疫情时，每天消毒 1 次，条件允许时，放养环境最好也要消毒。

（2）**消毒后就不会发生传染病**　这种想法是错误的。因为虽然经过消毒，但并不一定就能收到彻底杀灭病原体的效果，这与选用的消毒剂及消毒方式等因素有关。有许多消毒方法存在着消毒盲区，况且许多病原体都可以通过空气、飞禽、老鼠等多种传播媒介进行传播，即使采取严密的消毒措施，也很难全部切断传播途径。因此，除了进行严密的消毒外，还要结合养殖情况及疫病发生和流行规律，有针对性地进行免疫接种，以确保鸡群安全。

（3）**消毒剂气味越浓效果越好**　消毒剂效果的好坏，不简单地取决于气味。有许多好的消毒剂，如双链季铵盐类等消毒剂，就没有什么气味，但其消毒效果却特别好。因此，选择和使用消毒剂不要看气味浓淡，而要看其消毒效果，是否存在消毒盲区。

（4）**长期单一使用同一类消毒剂**　长期单一使用同一种类的消毒剂，会使细菌、病毒等产生耐药性，给以后消毒增加难度。因此，养殖户最好是将几种不同类型、种类的消毒剂交替使用，以提高消毒效果。

同时，消毒液的选用过于单一，无针对性。不同的消毒液对不同的病原体敏感性是不一样的，一般病毒对含碘、溴、过氧乙酸的消毒液比较敏感，细菌对含双链季铵盐类的消毒液比较敏感。所以，在病毒多发的季节（如冬春季）应多用含碘、含溴的消毒液，而细菌病高发时（如夏季）应多用含双链季铵盐类的消毒液。

（5）**消毒不全面**　一般情况下对鸡的消毒方法有3种，即带鸡（喷雾）消毒、饮水消毒和环境消毒。这3种消毒方法可分别切断不同病原的传播途径，相互不能代替。带鸡消毒可杀灭空气中、鸡体表、地面及屋顶墙壁等处的病原体，对预防鸡呼吸道疾病很有意义，还具有降低舍内氨气浓度和防暑降温的作用；饮水消毒可杀灭鸡饮用水中的病原体并净化肠道，对预防鸡肠道病很有意义。生态养鸡因放养面积大、环境的自净作用强等特点，一般不对环境消毒，但搭建的鸡舍门口、喂料场地、产蛋窝周边以及运输车（料车）等要进行必要的消毒。

（6）**消毒不接续**　消毒是一项连续的工作，因此最好不间断。带鸡消毒和饮水消毒的时间间隔如下。

带鸡消毒：育雏期一般第1周以后才可带鸡消毒（过早不但影响舍温，而且如果头1周防疫做得不周密，会影响早期防疫），最少每周消毒1次，最好2～3天消毒1次；育成期宜4～5天消毒1次；产蛋期宜1周消毒1次；

发生疫情时每天消毒 1 次。疫苗接种前后 2 ～ 3 天不可带鸡消毒。

饮水消毒：首先需要明白，鸡喝的是消毒过的水，而不是喝消毒药水。饮水消毒有两方面含义：第一，对饮水进行消毒，可防止通过饮水传播疾病。这样的消毒一般使用卤素类消毒液，如漂白粉、氯制剂等，使用氯制剂时，应使有效氯浓度达到 3×10^{-6}，或按消毒液说明书上要求的饮水消毒浓度比的上限来配制，这样浓度的消毒水可连续饮用。第二，净化肠道，一般每周饮 1 ～ 2 次，每次 2 ～ 3 小时即可，浓度按照消毒液说明书上要求的饮水消毒浓度比的下限来配制，如标"饮水消毒 1 :（1 000 ～ 2 000）"，可用 1 : 1 000 来净化肠道，每周饮 1 ～ 2 次；用 1 : 2 000 来对饮水进行消毒，可连续饮用。防疫前后 3 天、防疫当天（共 7 天）及用药时，不可进行饮水消毒。

（7）消毒前不做机械性清除　要发挥消毒药物的作用，必须使药物直接接触到病原微生物，但被消毒的现场会存在大量的有机物，如粪便、饲料残渣、分泌物、体表脱落物，以及鼠粪、污水或其他污物，这些有机物中藏有大量病原微生物。同时，消毒药物与有机物，尤其与蛋白质有不同程度的亲和力，可结合成为不溶性的化合物，并阻碍消毒药物作用的发挥。所以说，彻底的机械消除是有效消毒的前提。

鸡舍内从屋顶、墙壁、门窗、栖架，直到地面和粪池、水沟等按顺序认真打扫清除，然后用高压水冲洗直至完全干净。在打扫清除之前，最好先用消毒药物喷雾和喷洒，以免病原微生物四处飞扬和顺水流排出，扩散至相邻的鸡舍及环境中，造成扩散污染。

（8）对消毒程序和全进全出认识不足　消毒应按一定程序进行，不可杂乱无章随心所欲。一般可按下列顺序进行：舍内从上到下（从屋顶、墙壁、门窗、栖架至地面）喷洒大量消毒液→清除粪尿等污物→高压水充分冲洗→干燥→从上到下空中用消毒药液喷雾，雾粒应细，部分雾粒可在空中停留 15 分钟左右→干燥→换另一种类型消毒药物喷雾→密闭门窗后用甲醛熏蒸，必要时用 20% 石灰浆涂墙，高约 2 米，必要时 3 天后再用过氧乙酸熏蒸一次→封闭空舍 7 ～ 15 天，才可认为消毒程序完成。如急用时，在熏蒸后 24 小时，打开门窗通风 24 小时后使用。

（9）不能正确使用石灰消毒　石灰消毒力好，无不良气味，价廉易得，无污染的消毒药，但往往使用不当。新出窑的生石灰是氧化钙，加入相当于生石灰重量 70% ～ 100% 的水，即生成疏松的熟石灰，也即氢氧化钙，只有这种离解出的氢氧根离子具有杀菌作用。有的场、户在入场或入口池中，堆放厚厚的干石灰，让鞋踏而过，这起不到消毒作用。也有的用放置时间过久的熟石灰做消毒用，但它已吸收了空气中的二氧化碳，成了没有氢氧根离子的碳酸钙，已完全丧失了杀菌消毒作用，所以也不能使用。还有将石灰粉直接撒在鸡舍内地面上一层，或上面再铺上一薄层垫料，这样常造成鸡爪被石灰灼伤，或因啄食灼伤口腔及消化道。有的将石灰直接撒在栖架下或鸡舍内，致使石灰粉尘大量飞扬，必定会使鸡吸入呼吸道，引起咳嗽、打喷嚏、甩鼻、呼噜等一系列呼吸道症状，人为地造成呼吸道炎症。使用石灰消毒最好的方法是加水配制成 10% ～ 20% 的石灰乳，用于涂刷鸡舍墙壁 1 ～ 2 次，称为"涂白覆盖"，既可消毒灭菌，又有覆盖污斑、涂白美观的作用。

（10）饮水消毒有误区　许多消毒药物，按其说明书称，可用于鸡的饮水消毒并称"高效、广谱、对人鸡无害"，更有称"可 100% 杀灭某某菌及某某病，用于饮水或拌料内服，在 1 ～ 3 天可扑灭某某病"等，这显然是夸大其词以致误导。饮水消毒实际是对饮水的消毒，鸡喝的是经过消毒的水，而不是喝的消毒药水，饮水消毒实际是把饮水中的微生物杀灭或控制鸡体内的病原微生物。如果任意加大水中消毒药物的浓度或长期饮用，除可引起急性中毒外，还可杀死或抑制肠道内的正常菌群，对鸡的健康造成危害。所以饮水消毒应该是预防性的，而不是治疗性的。在临床上常见的饮水消毒剂多为氯制剂、季铵盐类和碘制剂，中毒原因往往是浓度过高或使用时间过长。中毒后多见胃肠道炎症并积有黏液、腹泻，以及不同程度的死亡，产蛋率下降。还有按某些资料，给雏鸡用 0.1% 高锰酸钾饮水，结果造成口腔及上消化道黏膜被腐蚀，往往造成雏鸡死亡。

11. 常用设备和用具如何清洗消毒?

（1）料槽、饮水器　先用水冲洗，洗净晒干后再用 0.1% 新洁尔灭刷洗、消毒。在鸡舍熏蒸前放入鸡舍，再经熏蒸消毒。

（2）蛋箱、蛋托　反复使用的蛋箱和蛋托，特别是送到销售点又返回的蛋箱携带传染病原的可能性很大，必须严格消毒。用 2% 火碱水热溶液浸泡与洗刷，晾干后再送鸡舍。运鸡笼应在场外设消毒点，运回的鸡笼冲洗晒干再消毒后方可进入鸡舍。

12. 如何使用喷雾器进行化学消毒?

化学消毒时常用的是喷雾器。喷雾器有背负式喷雾器和机动喷雾器。背负式喷雾器又有压杆式喷雾器和充电式喷雾器，使用于小面积环境消毒和带鸡消毒。机动喷雾器按其所使用的动力来划分，主要有电动（交流电或直流电）和气动两种，每种又有不同的型号，适用于鸡舍外环境和空舍消毒，在实际应用时要根据具体情况选择合适的喷雾器。

在使用喷雾器进行消毒时要注意：固体消毒剂有残渣或溶化不全时，容易堵塞喷嘴，因此不能直接在喷雾器的容器内配制消毒剂，而是在其他容器内配制好了以后经喷雾器的过滤网装入喷雾器的容器内。压杆式喷雾器容器内药液不能装得太满，否则不易打气。配制消毒剂的水温不宜太高，否则易使喷雾器的塑料桶身变形，而且喷雾时不顺畅。使用完毕，将剩余药液倒出，用清水冲洗干净，倒置，打开一些零部件，等晾干后再装起来。

喷雾时，房舍应密闭，关闭门、窗和通风口，减少空气流动。在喷雾完后 15～20 分钟再开启门窗。如选用直径为 59 微米以下的喷雾器时，喷雾枪口应在家禽头上方约 30 厘米处喷射，使禽体周围形成良好的雾化区，并且雾滴粒子不立即沉降而可在空间悬浮适当时间。

13. 化学消毒剂是如何分类的？

用于杀灭传播媒介上病原微生物的化学药物称为消毒剂。化学消毒剂的种类很多，分类方法也有多种。

（1）按杀菌能力分类　消毒剂按照其杀菌能力可分为高效消毒剂、中效消毒剂、低效消毒剂 3 类。

①高效消毒剂。可杀灭各种细菌繁殖体、病毒、真菌及其孢子等，对细菌芽孢也有一定杀灭作用，可达到高水平消毒要求，包括含氯消毒剂、臭氧、甲基乙内酰脲类化合物、双链季铵盐等。其中可使物品达到灭菌要求的高效消毒剂又称为灭菌剂，包括甲醛、戊二醛、环氧乙烷、过氧乙酸、过氧化氢、二氧化氯等。

②中效消毒剂。能杀灭细菌繁殖体、分枝杆菌、真菌、病毒等微生物，达到消毒要求，包括含碘消毒剂、醇类消毒剂、酚类消毒剂等。

③低效消毒剂。仅可杀灭部分细菌繁殖体、真菌和有囊膜病毒，不能杀死结核杆菌、细菌芽孢和较强的真菌和病毒，达到消毒剂要求，包括苯扎溴铵等季铵盐类消毒剂、氯己定（洗必泰）等双胍类消毒剂，汞、银、铜等金属离子类消毒剂及中草药消毒剂。

（2）按化学成分分类　常用的化学消毒剂按其化学性质不同可分为以下

几类。

①卤素类消毒剂。这类消毒剂有含氯消毒剂类、含碘消毒剂类及卤化海因类消毒剂等。

含氯消毒剂可分为有机氯消毒剂和无机氯消毒剂两类。目前常用的有二氯异氰尿酸钠及其复方消毒剂、氯化磷酸三钠、液氯、次氯酸钠、三氯异氰尿酸、氯尿酸钾、二氯异氰尿酸等。

含碘消毒剂可分为无机碘消毒剂和有机碘消毒剂，如碘伏、碘酊、碘甘油、PVP碘、洗必泰碘等。碘伏对各种细菌繁殖体、真菌、病毒均有杀灭作用，受有机物影响大。

卤化海因类消毒剂为高效消毒剂，对细菌繁殖体及芽孢、病毒真菌均有杀灭作用。目前国内外使用的这类消毒剂有3种：二氯海因（二氯二甲基乙内酰脲，DCDMH）、二溴海因（二溴二甲基乙内酰脲，DBDMH）、溴氯海因（溴氯二甲基乙内酰脲，BCDMH）。

②氧化剂类消毒剂。常用的有过氧乙酸、过氧化氢、臭氧、二氧化氯、酸性氧化电位水等。

③烷基化气体类消毒剂。这类化合物中主要有环氧乙烷、环氧丙烷和乙型丙内酯等，其中以环氧乙烷应用最为广泛，杀菌作用强大，灭菌效果可靠。

④醛类消毒剂。常用的有甲醛、戊二醛等。戊二醛是第三代化学消毒剂的代表，被称为冷灭菌剂，灭菌效果可靠，对物品腐蚀性小。

⑤酚类消毒剂。这是一类古老的中效消毒剂，常用的有石炭酸、来苏儿、复合酚类（农福）等。由于酚消毒剂对环境有污染，目前有些国家限制使用酚消毒剂。这类消毒剂在我国的应用也趋向逐步减少，有被其他消毒剂取代的趋势。

⑥醇类消毒剂。主要用于皮肤部消毒，如乙醇、异丙醇等消毒剂。这类消毒剂可以杀灭细菌繁殖体，但不能杀灭芽孢，属中效消毒剂。近来的研究发现，醇类消毒剂与戊二醛、碘伏等配伍，可以增强消毒效果。

⑦季铵盐类消毒剂。单链季铵盐类消毒剂是低效消毒剂，一般用于皮肤黏膜的消毒和环境表面消毒，如新洁尔灭、度米芬等。双链季铵盐阳离子表面活性剂，不仅可以杀灭多种细菌繁殖体而且对芽孢有一定杀灭作用，属于高效消毒剂。

⑧双胍类消毒剂。是一类低效消毒剂，不能杀灭细菌芽孢，但对细菌繁殖体的杀灭作用强大，一般用于皮肤黏膜的防腐，也可用于环境表面的消毒，

如氯己定（洗必泰）等。

⑨酸碱类消毒剂。常用的酸类消毒剂有乳酸、醋酸、硼酸、水杨酸等；常用的碱类消毒剂有氢氧化钠（苛性钠）、氢氧化钾（苛性钾）、碳酸钠（石碱）、氧化钙（生石灰）等。

⑩重金属盐类消毒剂。主要用于皮肤黏膜的消毒防腐，有抑菌作用，但杀菌作用不强。常用的有红汞、硫柳汞、硝酸银等。

（3）按性状分类　消毒剂按性状可分为固体消毒剂、液体消毒剂和气体消毒剂3类。

14. 生态养鸡生产中如何选择化学消毒剂？

消毒剂产品的问世，为预防和控制动物疫病起到了重要的作用。理想的化学消毒剂应具备：杀菌谱广，作用速度快；性能稳定，便于大量储存和运输；易溶于水，不着色，无残留，不污染环境；受有机物、酸碱和环境因素影响小；无毒、无味、无刺激，无腐蚀性、无致畸、致癌、致突变作用；不易燃易爆，使用安全；有效浓度低，可大量生产，使用方便，价格低廉。目前，还没有一种能够完全符合上述要求的消毒剂。因此，根据消毒剂和消毒对象的性质及环境选择合适的消毒剂是消毒工作成败的关键。在选择购买时应注意以下五个方面。

（1）选择合格的消毒产品　我国消毒产品的生产和销售实行审批制度，凡获批准的消毒产品在其使用说明书和标签上均有批准文号，无批准文号的产品千万不要购买。

（2）根据消毒对象选择消毒剂　消毒剂的种类很多，用途和用法也不尽相同，杀菌能力不同，对物品的损坏也有所不同。如有对皮肤黏膜消毒的、有对物体表面消毒的、有对空气消毒的、有对分泌物或排泄物等消毒的。购买消毒剂时，应根据消毒目的进行选购。因为不同用途的消毒剂审批时所考察的项目不同，所以选购时要看清其用途。目前，多用途的消毒剂越来越多，如过氧乙酸、二氧化氯、含氯消毒剂等，使用范围比较广，可根据需要选择。但对于书籍、电器等污染物品的消毒处理则需选用环氧乙烷，以免损坏。

（3）根据消毒目的选择消毒剂　常规消毒用中低效消毒剂，终末消毒、疫情发生时用高效消毒剂，并考虑加大使用浓度和消毒密度。

（4）根据病原微生物的特性选择消毒剂　污染微生物的种类不同，对不同消毒剂的耐受性也不同。如细菌芽孢必须用杀菌力强的灭菌剂或高效消毒剂处理，才能取得较好效果。结核分枝杆菌对一般消毒剂的耐受力比其他细菌强。肠道病毒对过氧乙酸的耐受力与细菌繁殖体相近，但季铵盐类对之无效。肉毒梭菌易为碱破坏，但对酸耐受力强。至于其他细菌繁殖体和病毒、螺旋体、支原体、衣原体、立克次氏体对一般消毒处理耐受力均差。微生物对各类化学消毒剂的敏感性见表7-1。

表7-1 微生物对各类化学消毒剂的敏感性

消毒剂	G⁺菌	G⁻菌	抗酸菌	亲脂病毒	亲水病毒	真菌	芽孢
季铵盐类	++++	+++	–	+	–	–	–
氯己定	++++	+++	–	+	–	–	–
碘伏	++++	++++	–	–	–	–	–
醇类	++++	++++	++	++	–	–	–
酚类	++++	++++	++	++	–	+	–
双长链季铵盐	++++	++++	–	++	++	–	–
含氯类	++++	++++	++	++	++	+++	++
过氧化物	++++	++++	++	++	++	++	++
环氧乙烷	++++	++++	++	++	++	++	++
醛类	++++	++++	+++	++	+++	+	++

注：++++ 高度敏感；+++ 中度敏感；++ 抑制或可杀灭；– 抵抗。

（5）注意消毒剂的保质期 超过保质期的产品消毒作用可能会减弱甚至消失。因此，购买时要留意产品的生产日期和保质期。

15.化学消毒剂的使用方法有哪些?

化学消毒剂的使用方法很多，常用的方法有以下几种。

（1）浸泡法 选用杀菌谱广、腐蚀性弱、水溶性消毒剂，将物品浸没于消毒剂内，在标准的浓度和时间内，达到消毒灭菌目的。浸泡消毒时，消毒液连续使用过程中，消毒有效成分不断消耗，因此需要注意有效成分浓度变化，应及时添加或更换消毒液。当使用低效消毒剂浸泡时，需注意消毒液被污染的问题，从而避免疫源性的感染。

（2）擦拭法 选用易溶于水、穿透性强的消毒剂，擦拭物品表面或动物体表皮肤、黏膜、伤口等处。在标准的浓度和时间里达到消毒灭菌目的。

（3）**喷洒法**　将消毒液均匀喷洒在被消毒物体上。如用 5% 来苏儿溶液喷洒消毒畜禽舍地面等。

（4）**喷雾法**　将消毒液通过喷雾形式对物品全表面、畜禽舍或动物体表进行消毒。

（5）**发泡（泡沫）法**　此法是自体表喷雾消毒后，开发的又一新的消毒方法。所谓发泡消毒是把高浓度的消毒液用专用的发泡机制成泡沫散布在畜禽舍内面及设施表面。主要用于水资源贫乏的地区或为了避免消毒后的污水进入污水处理系统破坏活性污泥的活性以及自动环境控制的畜禽舍，一般用水量仅为常规消毒法的 1/10。采用发泡消毒法，对一些形状复杂的器具、设备进行消毒时，由于泡沫能较好地附着在消毒对象的表面，故能得到较为一致的消毒效果，且由于泡沫能较长时间附着在消毒对象表面，延长了消毒剂作用时间。

（6）**洗刷法**　用毛刷等蘸取消毒剂溶液在消毒对象表面洗刷。如外科手术前术者的手用洗手刷在 0.1% 新洁尔灭溶液中洗刷消毒。

（7）**冲洗法**　将配制好的消毒液冲入直肠等部位或冲湿物体表面进行消毒。这种方法消耗大量的消毒液，一般较少使用。

（8）**熏蒸法**　通过加热或加入氧化剂，使消毒剂呈气体或烟雾，在标准的浓度和时间里达到消毒灭菌目的。适用于畜禽舍内物品及空气消毒，精密贵重仪器和不能蒸、煮、浸泡消毒的物品的消毒。环氧乙烷、甲醛、过氧乙酸以及含氯消毒剂均可通过此种方式进行消毒，熏蒸消毒时环境湿度是影响消毒效果的重要因素。

（9）**撒布法**　将粉剂型消毒剂均匀地撒布在消毒对象表面。如含氯消毒剂可直接用药物粉剂进行消毒处理，通常用于地面消毒。消毒时，需要较高的湿度使药物潮解才能发挥作用。

化学消毒剂的使用方法应依据化学消毒剂的特点、消毒对象的性质及消毒现场的特点等因素合理选择。多数消毒剂既可以浸泡、擦拭消毒，也可以喷雾处理，根据需要选用合适的消毒方法。如只在液体状态下才能发挥出较好消毒效果的消毒剂，一般采用液体喷洒、喷雾、浸泡、擦拭、洗刷、冲洗等方式。对空气或空间进行消毒时，可使用部分消毒剂进行熏蒸。同样消毒方法对不同性质的消毒对象，效果往往也不同。如光滑的表面，喷洒药液不易停留，应以冲洗、擦拭、洗刷为宜。较粗糙表面，易使药液停留，可用喷洒、喷雾消毒。消毒还应考虑现场条件。在密闭性好的室内消毒时，可用熏蒸消毒，密闭性差的则应用消毒液喷洒、喷雾、擦拭、洗刷的方法。

16. 使用化学消毒剂应注意什么?

化学消毒剂使用前应认真阅读说明书，搞清消毒剂的有效成分及含量，看清标签上的标示浓度及稀释倍数。消毒剂均以含有效成分的量表示，如含氯消毒剂以有效氯含量表示，60% 二氯异氰尿酸钠为原粉中含 60% 有效氯，20% 过氧乙酸指原液中含 20% 的过氧乙酸，5% 新洁尔灭指原液中含 5% 的新洁尔灭。对这类消毒剂稀释时不能将其当成 100% 计算使用浓度，而应按其实际含量计算。使用量以稀释倍数表示时，表示 1 份的消毒剂以若干份水稀释而成，如配制稀释倍数为 1 000 倍时，即在每升水中加 1 毫升消毒剂。

使用量以 "%" 表示时，消毒剂浓度稀释配制计算公式为：$C_1V_1=C_2V_2$（C_1 为稀释前溶液浓度，C_2 为稀释后溶液浓度；V_1 为稀释前溶液体积，V_2 为稀释后溶液体积）。

应根据消毒对象的不同，选择合适的消毒剂和消毒方法，联合或交替使用，以使各种消毒剂的作用优势互补，做到全面彻底地消灭病原微生物。

不同消毒剂的毒性、腐蚀性及刺激性均不同，如含氯消毒剂、过氧乙酸、二氧化氯等对金属制品有较大的腐蚀性，对织物有漂白作用，慎用于这种材质物品，如果使用，应在消毒后用水漂洗或用清水擦拭，以减轻对物品的损坏。预防性消毒时，应使用推荐剂量的低限。盲目、过度使用消毒剂，不仅造成浪费损坏物品，也大量地杀死许多有益微生物，而且残留在环境中的化学物质越来越多，成为新的污染源，对环境造成严重后果。

大多数消毒剂有效期为 1 年，少数消毒剂不稳定，有效期仅为数月，如有些含氯消毒剂溶液。有些消毒剂原液比较稳定，但稀释成使用液后不稳定，如过氧乙酸、过氧化氢、二氧化氯等消毒液，稀释后不能放置时间过长。有些消毒液只能现生产现用，不能储存，如臭氧水、酸性氧化电位水等。

配制和使用消毒剂时应注意个人防护，注意安全，必要时应戴防护眼镜、口罩和手套等。消毒剂仅用于物体及外环境的消毒处理，切忌内服。

多数消毒剂在常温下于阴凉处避光保存。部分消毒剂易燃易爆，保存时应远离火源，如环氧乙烷和醇类消毒剂等。千万不要用盛放食品、饮料的空瓶灌装消毒液，如使用必须撤去原来的标签，贴上一张醒目的消毒剂标签。消毒液应放在儿童拿不到的地方，不要将消毒液放在厨房或与食物混放。万一误用了消毒剂，应立即采取紧急救治措施。

17. 误用化学消毒剂或引起中毒后，应如何进行紧急处置？

大量吸入化学消毒剂时，要迅速从有害环境撤到空气清新处，更换被污染的衣物，对手和其他暴露皮肤进行清洗，如大量接触或有明显不适的要尽快就近就诊；皮肤接触高浓度消毒剂后及时用大量流动清水冲洗，用淡肥皂水清洗，如皮肤仍有持续疼痛或刺激症状，要在冲洗后就近就诊；化学消毒剂溅入眼睛后立即用流动清水持续冲洗不少于 15 分钟，如仍有严重的眼花、局部疼痛、畏光、流泪等症状，要尽快就近就诊；误服化学消毒剂中毒时，成年人要立即口服牛奶 200 毫升，也可服用生蛋清 3 ～ 5 个。一般还要催吐、洗胃。含碘消毒剂中毒可立即服用大量米汤、淀粉浆等。出现严重胃肠道症状者，应立即就近就诊。

18. 什么叫饮水消毒法？

饮水是鸡群疾病传播的一个重要途径。病鸡可通过饮水系统将致病的病毒或细菌传给健康的鸡，从而引发呼吸系统、消化系统疾病。如果在饮水中加入适量的消毒药物可以杀死水中带有的细菌和病毒。饮水消毒主要可控制大肠杆菌、沙门氏菌、葡萄球菌、支原体及一些病毒性病原微生物。同时对控制饮水系统中的黏液细菌也极为有效。

饮水消毒可以选择的消毒剂种类很多，常用的有氯制剂、复合季铵盐类等。消毒药可以直接加入蓄水池或水箱中，用药量应以最远端饮水器或水槽中的有效浓度达到该类消毒药的最适饮水浓度为宜。

饮水消毒时还要注意，高浓度的氯可引起鸡腹泻，生产力下降，尤其在雏鸡阶段不能用超过 10×10^{-6} 的氯制剂饮水。而且氯对霉菌无作用，如果鸡只发生嗉囊霉菌病，需在水中加碘消毒，浓度为 12×10^{-6}。同时，在饮水免疫、滴口免疫及喷雾免疫的前后 2 天，或饮水中加入其他有配伍禁忌的药物时，应暂停饮水消毒。除此之外，饮水消毒在整个饲养期不应间断。

19. 如何进行喷雾消毒？

喷雾消毒时指用化学消毒药物按规定比例稀释，装入喷雾器内，对鸡舍四壁、地面、饲槽、圈舍周围地面、运动场以及活禽交易市场、鸡体表面、运载车辆等进行的消毒。常用于带鸡消毒和净舍消毒。

喷雾消毒时，必须准确把握消毒液的浓度，保证消毒液的用量并彻底喷雾到各处，不留死角，均匀喷雾；消毒液要使用多种并经常更换使用，但不可同时混用；尽量用较热的溶剂溶解消毒药物，彻底溶解消毒药物能提高消毒效果。

20.怎样进行正确熏蒸消毒?

熏蒸消毒法是对特定可封闭空间及内部进行表面消毒所使用的方法。它是利用福尔马林（40%的甲醛溶液）与高锰酸钾发生化学反应，快速释放出甲醛气体，经过一定时间杀死病原微生物，是一种消毒效果非常理想的消毒方法。熏蒸消毒最大的优点是熏蒸药物能均匀地分布到禽舍的各个角落，消毒全面彻底、省事省力，特别适用于禽舍内空气污染的消毒。甲醛能使菌体蛋白质变性凝固和溶解菌体类脂，可以杀灭物体表面和空气中的细菌繁殖体、芽孢下真菌和病毒。

（1）熏蒸前的准备工作 ①密闭鸡舍。熏蒸消毒的鸡舍必须冲洗干净，除熏蒸人员出入的门以外，其余门窗都应关闭封好，保证鸡舍的密闭性。

②药品配合。福尔马林（40%的甲醛溶液）28毫升/米³空间，高锰酸钾14克/米³空间，水10毫升/米³空间。若为刚发过病的鸡舍，可用3倍的消毒浓度，即每立方米空间用福尔马林42毫升，高锰酸钾21克。

③熏蒸器具。足够深足够容积的耐热的容器。

④药品的分装和放置。根据鸡舍的长度，药品的数量，容器的数量分成几组，每组保持一定间隔，能够均匀排放，每组药品数量一致，高锰酸钾和福尔马林的比例为1:2，并对应放置好。

⑤鸡舍温度和湿度。福尔马林熏蒸要求适宜的温度为25℃，湿度60%～70%，在冬季进行熏蒸消毒时，应对鸡舍提前预温，并洒水提高湿度。

（2）熏蒸时的操作 将熏蒸人员分成几组，依次从舍内至门口排列好，在倒福尔马林时应严格按照从舍内向门口的顺序依次倒入高锰酸钾中，下一组人员应在第一组人员撤到他身后时开始操作，倒完后迅速撤离，在最后一组倒完后，迅速关闭鸡舍门，并封严。

（3）熏蒸时间 建议时间不低于48小时，48小时后打开门窗通风，降低舍内甲醛气味，待气味消除后准备进雏。

第八章　生态鸡场的免疫接种与鸡群保健

1. 生态养鸡防疫存在哪些问题?

（1）**养殖户缺乏防疫意识**　大多生态养鸡户并不是专业的养殖人员，其同时还是种植户，而且会把主要精力放在种植生产上，而不会在养殖上花费较大的精力，自然也不会重视鸡群的防疫工作。此外，大多数养殖户自身文化程度不高、学习能力较差，在畜禽养殖上没有采用科学的养殖办法，并不重视防疫工作的开展，也没有相应的防疫设施。一旦暴发传染性较强的疫病，会迅速蔓延，从而带来较大的经济损失。

（2）**场地布局不合理**　随着生态养殖技术的不断发展，越来越多的养殖户开始采用生态养鸡的方式发展养鸡业，但部分农户仍缺乏科学的养殖经验，尤其是在场地布局上，存在诸多不合理的问题。大多养殖户会选择一些山地或者果园等作为养鸡场所，且养殖时仅仅是将鸡群散养在其中，并没有进行科学布局。例如，养殖场没有建立专门的鸡舍，没有将生产区与生活区进行隔离，没有建设正规的废弃物处理设施等。由于养殖场地划分不科学，容易产生环境污染、鸡排泄物污染等，进而导致一些呼吸道疾病或者肠道疾病发生，如空气质量变差导致鸡群的呼吸道黏膜受到刺激，继而诱发传染性支气管炎等。

（3）**免疫程序不完善**　生态养鸡的养殖周期一般比棚舍养殖方式更长，在这一过程中鸡患病的概率也会增大。只有建立完善的免疫程序，才能最大限度地保障鸡的成活率和生产效益，提高养殖户的经济收益。但实际上，大多养殖户并没有结合生态养殖的实际情况制定免疫程序，且免疫操作也不符合要求。

（4）**药物选用不合理**　一些养殖户会开展防疫工作，但由于其对疫病及药物使用等知识缺乏了解，因而经常会出现药物选用不合理的情况。一是购买药物时忽视了药物成分的组成，导致用药错误或者过量使用药物。二是存在使用违禁药物的情况。有些养殖户由于自身对药品不了解，加之购买渠道不正规等，很容易购买一些违禁药品，使用违禁药剂不仅会影响鸡的防疫效果，还会导致过量的兽药残留在鸡体内，影响生态养殖效益，进而对人体健康造成影响。三是存在滥用抗生素的情况。当前，我国提倡少用直至不用抗生素，很多养殖户习惯了应用抗生素，甚至自行选购抗生素，还加大用药剂量来试图提高防疫效果，最终造成严重后果。

（5）**养殖管理缺乏科学性**　在生态养鸡过程中，养殖管理工作开展效果会直接影响防疫效果。首先是环境卫生问题。在生态养鸡过程中，如果养殖环境卫生条件较差，则会导致细菌大量滋生，进而使鸡群在活动过程中易受疾病感染。其次是消毒工作。部分养殖户基本处于放养状态，不重视鸡舍、补料环境、料槽、水槽等处的消毒工作，导致病菌滋生，危害了鸡群健康。

2. 生态养鸡应怎样搞好防疫？

（1）**加强防疫宣传，强化防疫意识**　意识是行动的先导。在生态养鸡过程中，首先要加强防疫宣传，强化养殖户的防疫意识，以保障防疫工作的顺利开展。政府及专业的养殖单位在工作中应该配备专门的宣传防疫队伍，深入一线，服务到户，通过一对一指导的方式或者分发宣传手册的方式来不断提高一线养殖场户对生态养鸡防疫工作的重视程度。

（2）**合理选择场地、搭建鸡舍**　养殖场地的选择直接关系养殖效果，养殖户应该结合当地的实际情况，严格按照防疫要求选择生态养殖场地，搭建鸡舍。在选址过程中，需要综合考虑养殖场所的地理位置、风向、水源、道路、电力等因素，并参考《中华人民共和国动物防疫法》以及《畜禽规模养殖污染防治条例》等相关法律法规挑选建造场址。此外，建造鸡舍时需要明确生产区和隔离区，并配备基本的隔离、防疫设施，以便为科学生态养殖营造一个良好的环境。

（3）**加强接种免疫，完善免疫程序**　免疫程序的制定对保障鸡群的健康发挥着重要的作用，养殖户要结合当地的实际情况制定适合本场实际的免疫程序，并认真组织实施。

（4）**保证合理用药**　保证药物的合理使用对提高鸡群的防疫效果至关重要。一是要科学进行药物的采购，要谨遵医嘱，详细检查药物的组成成分以及批文和批号、生产厂家、生产日期和有效期等信息，确保药物符合实际需要及满足国家的标准要求。二是按照用药说明书给药，不可随意调整药物剂量。三是尽量不使用化学药物，推广使用中草药。

（5）加强养殖管理　为提高防疫工作效果，养殖户需加强养殖管理工作。首先是卫生清理工作，生态养殖期间经常会见到一些老鼠或各种有害蚊虫以及鸡群剩余的饲料或者污物等，会影响鸡群的健康，因此，必须做好卫生清洁工作，并制订详细的灭鼠计划。二是定期开展消毒工作，不仅要在日常养殖中加强消毒，成鸡全部出栏后也要及时对放养场内搭建的鸡舍进行消毒，确定养殖区域成鸡全部出栏并空场一段时间后再投入下一批新鸡苗。

3. 怎样控制霉菌对生态养鸡的危害？

霉菌主要产生在饲料的加工和贮存期间。生态养鸡时如果鸡采食了受霉菌污染饲料后，可以在肝、肾、肌肉中检测出霉菌毒素。其中黄曲霉菌是目前发现的感染最多的菌类，同时该菌也是最强的化学致癌物，其他的还包括：褐曲霉菌、玉米赤霉烯酮、呕吐霉素等。霉菌的生长温度为 20 ～ 30℃，相对湿度为 80% ～ 90%，饲料原料的含水量是霉菌能否生长的一个关键因素。因此防止霉变要注意以下四个方面。

（1）严格控制玉米水分　玉米是饲料原料的主要能量饲料，在日粮中添加比例较大，必须严格控制玉米水分。在检测玉米水分时，一般北方要求水分含量低于 12%，南方要求低于 14%。已经发霉或者水分较大的玉米千万不可用到日粮中。

（2）慎用动物蛋白饲料　动物蛋白饲料中如果含水量较高或者脱脂不全，容易引起霉变。主要是机榨生产的饼类和贮存时间过长的油脂类饲料。饲料中加了油一定要尽快使用，不可贮存时间过长。

（3）注意饲料加工环节　在饲料加工过程中，主要注意两点。一是饲料加工散热要充分，特别是颗粒料，要调节好冷却的时间与所需的空气量；二是饲料生产设备的灰尘要小，防止空气中的霉菌孢子污染。

（4）加强饲养管理过程　在饲养管理中，可能会出现雨水等淋湿饲料，水槽漏水进入饲料中，长时间容易引起霉变。因此在饲料的保存与使用过程中，应当注意防水、防潮。

目前在饲料中普遍使用防霉剂，主要是丙酸及其盐类。这些防霉剂具有抑菌范围广、安全性高等优点。但这些防霉剂只有在 pH 值低于 5 的时候，抑菌效果才佳。所以在饲料的使用与保存过程中应注意防霉。

4.生态养鸡推荐免疫程序有哪些?

具体见表8-1、表8-2。

表8-1　生态鸡场推荐免疫程序（适用于育肥用公鸡）

日龄	疫苗	接种方法
1	鸡马立克氏病疫苗	颈部皮下注射
3	球虫疫苗	口服
5	鸡新城疫、鸡传染性支气管炎二联活疫苗	点眼、滴鼻
12	鸡传染性法氏囊低毒力活疫苗	饮水
14	禽流感灭活疫苗	颈部皮下注射
20	球虫疫苗	饮水
22	鸡新城疫低毒力活疫苗	饮水
26	鸡传染性法氏囊中等毒力活疫苗	饮水
35	禽流感灭活疫苗	肌内注射
50～60（放养时）	鸡新城疫Ⅰ系苗、鸡痘疫苗	肌内注射＋翅下刺种
110～120	新城疫克隆30或Ⅳ系苗	饮水

表8-2　生态鸡场推荐的免疫程序（适用于生态产蛋鸡）

日龄	防治疫病	疫苗	接种方法
1	鸡马立克氏病	鸡马立克氏病疫苗	颈部皮下注射
3	球虫	球虫疫苗	口服
5	鸡新城疫、鸡传染性支气管炎	鸡新城疫、鸡传染性支气管炎二联活疫苗	点眼、滴鼻
12	鸡传染性法氏囊病	鸡传染性法氏囊低毒力活疫苗	饮水
14	禽流感	禽流感灭活疫苗	颈部皮下注射
20	球虫	球虫疫苗	饮水
22	鸡新城疫	鸡新城疫低毒力活疫苗	饮水
26	鸡传染性法氏囊病	鸡传染性法氏囊中等毒力活疫苗	饮水
35	禽流感	禽流感灭活疫苗	肌内注射

日龄	防治疫病	疫苗	接种方法
50～60（放养时）	鸡新城疫	鸡新城疫灭活疫苗、鸡痘疫苗	肌内注射＋翅下刺种
110	鸡新城疫、鸡传染性支气管炎、鸡减蛋综合征	鸡新城疫、鸡传染性支气管炎、减蛋综合征三联灭活疫苗	肌内注射
120	鸡痘	鸡痘疫苗	翅下刺种
	禽流感	禽流感灭活疫苗	肌内注射

注：喉气管炎易发区，分别在45和90日龄接种喉气管炎疫苗。

5. 疫苗点眼（或滴鼻）时操作要点有哪些？

滴鼻、点眼用滴管，事先用1毫升水试一下，看有多少滴。以每毫升20～25滴为好，每只鸡2滴，每毫升滴10～12只鸡，如果1瓶疫苗是用于500只鸡的，如增加半倍量，就稀释成500×50%÷10=25（毫升）。

疫苗应用生理盐水、蒸馏水或专用稀释液稀释，不能用自来水，避免影响免疫接种的效果。

滴鼻、点眼的操作方法：左手轻轻握住鸡体，食指与拇指固定住小鸡的头部，右手用滴管吸取药液，滴入鸡的鼻孔或眼内，当滴在鼻孔或眼中的药液完全吸入后，方可放下鸡。

6. 饮水免疫应注意什么？

（1）**免疫前停水**　在投放疫苗前，要停供饮水2～3小时（依不同季节酌定），以保证鸡群有较强的渴欲，能在30分钟内把疫苗水饮完。

（2）**稀释用水**　配制鸡饮用的疫苗水，现用现配，不可事先配制备用。水中应不按含氯和其他杀菌物质。盐碱含量较高的水，应煮沸、冷却，待杂质沉淀后再用。有条件的可在疫苗水中加2%脱脂奶粉，对疫苗有一定的保护作用。

（3）**饮水器**　饮水器的数量应充足、摆放均匀，可供全群2/3以上的鸡同时饮上水。应避免使用金属饮水器，饮水器使用前不应消毒，但应充分洗刷干净，不含有饲料或粪便等杂物。

（4）**用水量**　稀释疫苗的用水量要适当。正常情况下，每500份疫苗，2日龄至2周龄用水2～3升，2～4周龄用水3～5升，4～8周龄用水5～

7升。

7. 注射疫苗时注意事项有哪些?

（1）**注射器**　注射器、针头及注射管每次使用前要消毒（蒸或煮沸 20 分钟），选用短些的锋利针头，禁用钝与带钩的针头。注射中经常查看针头是否阻塞，阻塞的针头即时更换，一般每注射 100 ～ 150 只鸡换 1 个针头。连续注射器的调节器也应不断查看、调整，以确保剂量准确。

（2）**弱毒疫苗**　稀释液应根据说明书的规定选用，一般用生理盐水或专用稀释液稀释，现用现配。配制程序如下：用消毒过的针头与针管吸取 2 ～ 3 毫升稀释液，注入疫苗瓶中，轻轻摇匀。再用注射器抽出此液，放到稀释液大瓶中，如此重复 1 ～ 2 次，这样就能将全部疫苗中的弱毒粒子混于稀释液中，从而提高免疫效果。最后摇动大瓶疫苗就能溶解，使其混匀，但不要产生气泡。

（3）**灭活油乳剂疫苗注射**　注射前，应先放入室内 5 ～ 10 小时，使其升至室温，能减少对鸡注射部位的刺激，增强疫苗的流动性，使用前摇动疫苗 30 ～ 60 秒后再注射，明显分层的油乳剂疫苗严禁使用。

（4）**皮下注射法**　主要适用于接种鸡马立克氏病弱毒疫苗、新城疫Ⅰ系疫苗等。接种鸡马立克氏病弱毒疫苗，多采用雏鸡颈背皮下注射法。注射时先用左手拇指和食指将雏鸡颈背部皮肤轻轻捏住并提起，右手持注射器将针头刺入皮肤与肌肉之间，然后注入疫苗。

（5）**肌内注射法**　主要适用于接种鸡新城Ⅰ系疫苗、新城疫油苗、禽流感油苗。注射部位可选择胸部肌肉、翼根内侧肌肉或腿部外侧肌肉。

8. 如何制定生态养鸡预防用药程序?

①1 ～ 5 日龄，饮水中加电解多维及 5% 葡萄糖，可以迅速补充能量，降低应激，防止脱水，提高成活率。

②2 ～ 7 日龄，每 100 千克补充饲料中加入氟哌酸 20 ～ 30 克；阿莫西林饮水，每日 2 次，每克阿莫西林加水 10 升，连用 3 ～ 5 天；预防大肠杆菌病、沙门氏菌病、脐炎等。以后视鸡体情况，在技术人员的指导下合理用药。

③24 ～ 30 日龄，在补充饲料中加地克珠利或克球粉，防治球虫病。

④60 日龄、120 日龄，喂驱虫药 1 次。

9. 生态养鸡用药有什么讲究?

使用药物是防治鸡病的有效措施之一。为了保证药物的防治效果,用药时要根据鸡的饲料特点、不同的疾病及药物特点来选择最恰当的投药方法,从而使药物发挥出良好的疗效,达到防治疾病的目的。

(1)拌料 这是规模比较大的养鸡户及养鸡场经常使用的方法。适用于大群投药、不溶于水的药物及慢性疾病,如大肠杆菌病、沙门氏菌病及其他肠道疾病、球虫病等。适于拌料的有磺胺类药、抗球虫药、土霉素等。用药时一定要根据材料要求准确计量,同时要务必混合均匀。同时,严格执行停药期规定。

(2)饮水 通过饮水来投药时,药物吸收较快,一般适用于短期投药,紧急治疗,病鸡只饮水不吃料。饮水投药时,要选用易溶于水的药物。将易被破坏的药物溶于少许饮水中,让鸡在短时间内饮完;也可以将不易被破坏的药物稀释到一定浓度,分早、晚2次饮用。用药前,根据季节、鸡的品种、饲养方式、鸡群情况停止供水1～3小时,鸡的饮水量约为采食量的2倍,故在自由饮水时水中的药物浓度应是拌料的1/2。

(3)口服 此法一般适用于个别治疗,虽费时费力,但剂量准确、治疗效果比较确实,当鸡已无食欲时可用此法。片剂或胶囊可经口投入食管上端;如果是不溶于水的粉剂,则可加在少许料中拌湿后再口服。口服时应注意避免将药物投入气管内。

(4)注射 常用肌内注射法,肌内注射的优点是吸收速度快、安全,适用于逐只治疗,尤其是紧急治疗时,效果更好。对于难经肠道吸收的药物,在治疗非肠道感染时,可用肌内注射法给药。注射部位一般在胸部,注射时不可直刺,要由前向后成45°角斜刺1～2厘米,不可刺入过深。腿部注射时要避开大的血管,不要在大腿内侧注射。

10. 生态养鸡为什么要实行"全进全出"的饲养制度?

"全进全出"制度是规模化生态养鸡生产中普遍采用的有效防控疫病传播的重要措施之一。"全进全出"是指一个鸡场或一栋鸡舍内,进雏时一次装满,出栏或淘汰时一次淘完。"全进全出"的最大特点是有一个全场或整栋无鸡的"停养期"。在"停养期"内,通过彻底消毒就能防止成鸡与雏鸡间或上一批鸡与下一批鸡之间的疫病传播继代，阻断疫病再传播的机会。

　　"全进全出"使得鸡场能够做到净场和充分的消毒，切断了疾病传播的途径，从而避免患病鸡只或病原携带者将病原传染给日龄较小的鸡群。

第九章　生态养鸡疾病诊断与重点疫病的防控

1. 如何观察鸡群体健康状况?

群体健康状况检查的目的主要在于掌握鸡群的基本状况。在养鸡生产中必须经常深入鸡舍,详细查看鸡群的健康状况,以便及时发现问题,采取相应措施,确保鸡群的健康生长。

在群体检查时,首先在鸡舍前边直接观察大群情况,然后进入鸡舍对整个鸡群进行检查,主要观察鸡群精神状态、运动状态、采食、饮水、粪便、呼吸以及生产性能等。

在进入鸡舍后,可以轻轻地敲击铁桶等物品使发出突然的响声,此时如全群精神状况良好,则所有鸡只会停止采食、饮水和走动,凝视片刻,而病鸡则对声响毫无反应,闭目昏睡。

看看无反应或反应迟钝的病鸡占多少比例,可以粗略了解疾病的严重程度。

也可以拿一条小棍子,在鸡舍内边走边慢慢驱赶鸡只,健康的鸡只在人靠近之前早已走得远远的,而病鸡则走动笨拙或根本无反应。

也可以在早晨添加饲料和饮水时观察鸡群的状况,健康的鸡群在添加饲料时都拥挤到食槽边争食饲料,而病鸡对饲料毫无兴趣,呆立不动或啄食一下,停很久再啄一下。

在了解鸡群大体状况后,还要对鸡群作进一步仔细的观察,看看是否有异常。

2. 如何检查鸡只个体健康状况?

对有病鸡群的个体有两种检测方式,一种是对一定数量的病鸡逐只进行检查。另一种是随机拦截一小群逐只进行检查,分别记录检查结果,然后做统计，看看有某种症状病鸡的总数和所占比例，这对疾病的初步诊断很有好处。

鸡群观察时首先经过群体观察的鸡群，挑选出具有特征病变的个体进一步做个体检查，个体检查除对食欲、饮水、粪便检查外，还要进行体温检查、呼吸系统检查、外观检查（冠部检查、眼部检查、鼻腔检查、口腔检查、皮肤及羽毛检查、颈部检查、胸部检查、腹部检查、腿部检查）等。

3. 鸡群发病有哪些征兆？

在养鸡过程中，鸡只在感病后至表现出典型临床症状前，常会出现轻微的发病征兆，那么如何做到早发现这些轻微征兆呢？

（1）**早起开灯看鸡群**　早起开灯后，健康鸡群见到饲养员，发出"嘎嘎"的叫声，表现出急待吃食的样子。如开灯后笼内鸡只出现懒惰卧笼不动，闭眼打瞌睡，头埋到翅膀下或站立发呆，两翅下垂，羽毛膨松，说明鸡已发病。

（2）**观鸡粪**　早起观察鸡粪便，健康鸡排出的粪便是条状或团状，并有少量的尿酸盐覆盖。如发病会出现腹泻，肛门周围羽毛污染发湿，病鸡粪便颜色呈现绿色、黄色或白色，则说明鸡群发病。

（3）**观察鸡采食**　健康鸡在喂料时表现活泼好动，食欲旺盛，整个鸡舍一片"嘎嘎"的吃料声。如鸡发病，则精神沉郁，食欲降低，吃料减少，食槽内顿顿剩料。

（4）**观察产蛋**　每天要观察和监测蛋鸡产蛋时间和产蛋率。同时，还需检查产蛋破损率和蛋壳质量变化。

（5）**晚上听鸡舍动静**　晚上关灯后，夜深人静、噪声小时到鸡舍听声音，健康鸡只关灯后半小时休息，安静无声。如果听到发出"咕咕"声或"呼噜"声、咳嗽喘息声、尖叫声时，应考虑可能是传染性疾病和细菌性疾病。

4. 尸体剖检的目的是什么？

随着养鸡业的发展，鸡病的发生频率越来越高，种类越来越多，迫切需要提高鸡病的诊治水平，尸体剖检是诊断鸡病，指导治疗的非常重要的手段之一。

（1）**验证临床诊断和治疗的正确性**　鸡发生各种疾病时，除少数疾病外，临床症状多表现相似，没有什么特征症状，只靠临床表现很难确定发生何种疾病，尸体剖检可以通过直接观察各种疾病时所表现的病理变化，结合临床症状对疾病作出初步诊断，有的可以确诊。通过病理变化进一步推断疾病的发生、发展和转归，从而检验治疗效果。

（2）预防疫病的暴发　在养鸡场中，建立常规的尸体剖检制度，每日对死鸡进行尸体剖检，可以及时发现鸡群中存在的问题，采取防治措施，防止疾病的暴发和蔓延。

5. 对鸡进行尸体剖检有哪些要求?

（1）正确地掌握和运用尸体剖检方法　如果掌握的方法不熟练，操作不规范，不按剖检顺序操作，乱切乱割，结果找不到病因，查不明病变，造成错误诊断，贻误防治时机。

（2）严格消毒，防止疾病散播　在剖检中必须注意严格的消毒，如果消毒不严格，尸体处理不当，剖检地点不合适，不仅造成疫病散播而且引起自身的感染，所以，在剖检时要有防护措施。

（3）剖检的鸡要有代表性　我们诊断的是一群鸡的发病情况，剖检的鸡要有代表性，即能代表目前鸡群中主要疾病。一些弱、残鸡没有代表性，仅是一些个案，不能代表大群鸡发病情况。因此，为了诊断的准确性，病理解剖应有一定的数量，一般应解剖 5～10 只病死鸡，必要时也可选择一些处于不同病程的病鸡进行解剖，然后对病理变化进行统计、分析和比较。

（4）反复联系　在进行病理剖检时，既要不断地将已发现的病理变化与可能有这一病理变化的鸡病联系起来，还要不断地将病理变化与已观察、了解到的主要临床症状、鸡群发病情况联系起来，然后对几种类似的疾病反复进行肯定、否定、进一步肯定、进一步否定的鉴别诊断过程，使疾病初步诊断结果越来越明朗。

（5）最后诊断　将收集到的第一手资料，即疾病的流行病学、临床症状和病理剖检变化进行综合分析、判断，对有类似症状、病变的相关疾病，通过流行病学、临床症状和剖检变化等几方面进行鉴别诊断，最后做出临床诊断。

6. 尸体剖检前应做哪些准备?

（1）剖检地点　养鸡场应建立尸体剖检室，剖检室应建筑在远离生产区和生活区的下风方向，供水和排水方便，剖检室内光线要充足，建筑材料应便于洗刷和消毒，污水必须经过严格的消毒以后才可排放。剖检室内应设置剖检台，其大小、高低以便于工作为度，建筑材料应耐腐蚀，便于洗刷和消毒。

养鸡场无尸体剖检室，尸体剖检应选择在比较偏僻的地方，尽可能远离生产区、生活区、公路、水源。以免剖检后，尸体的粪便、血污、内脏、杂物等污染水源、河流、或由于人来车往等散播病原，招致疫病散播。

（2）**剖检用具**　对于鸡的尸体剖检，一般情况下，有剪子、镊子即可工作。根据需要还可准备骨剪，手术刀、标本缸、广口瓶、福尔马林等，其他的如工作服、胶靴、围裙、橡胶手套、肥皂、毛巾、水桶、脸盆、消毒剂等，根据条件准备。

（3）**尸体处理设施**　有条件的鸡场应建筑焚尸炉或尸体发酵池，以便处理剖检后的尸体，其地址的选择既要防止病原污染环境，又要使用方便。无条件的鸡场对剖检后的尸体要进行焚烧或深埋。

（4）**其他设施**　根据鸡场的规模、任务的大小和条件，还可设立准备室、洗澡更衣室。

7.鸡的尸体剖检要注意哪些问题？

①工作人员在剖检前应穿戴好工作服、胶靴、围裙、套袖、橡胶手套、帽子和口罩，做好自身防护。

②剖检人员应严肃认真地检查病变，切勿草率行事。如需要进一步检查病原病理变化，应取材送检。

③检查脏器断面，要自前向后一刀切下，不要来回拉锯样的切割，以免工面参差不齐，影响细微病变的观察。

④未经仔细检查各相连的组织前，不可随便切断，破坏其联系，更不可在腹腔内切断管状脏器（肠道、输卵管等）造成其他脏器污染，给病原分离带来困难。

⑤在剖检中，如工作人员不慎割破自己的皮肤，应立即停止工作，先用清水冲洗，挤出污血，涂上碘酒，包敷纱布和胶布。若剖检中的液体（血液、分泌物、污水等）溅入眼内，先用清水冲洗，再用20%硼酸水冲洗。

⑥剖检后，所用的工作服、胶靴等防护用具应及时冲洗、消毒。剖检用具要刷洗干净，消毒后保存。剖检人员要洗手、洗脸，用75%酒精消毒手，如手仍有残留脓、粪等恶臭气味时，可用温的、较浓的高锰酸钾溶液浸泡，然后用20%草酸溶液洗手，褪去紫色，再用清水冲洗即可。

8. 尸体剖检包括哪些内容？怎样进行检查？

鸡的尸体剖检内容包括：了解死鸡的一般状况、外部检查和内部检查。

（1）了解死鸡的一般状况 除知道鸡的品种、性别和日龄外，还要了解鸡群的饲养管理、饲料、产蛋、免疫。用药发病经过，临床表现及死亡等情况。

（2）外部检查

①查看全身羽毛的状况，是否有光泽，有无污染、蓬乱、脱毛等现象。

②查看泄殖腔周围的羽毛有无粪便沾污，有无脱肛、血便。

③查看营养状况和尸体变化（尸冷、尸僵、尸体腐败），皮肤有无肿胀和外伤。

④查看关节及脚趾有无肿胀或其他异常，骨骼有无增粗和骨折。病毒性关节炎可导致跗关节肿胀。

⑤查看冠和髯的颜色、厚度，有无痘疹，脸部和颜色及有无肿胀。

⑥查看口腔和鼻腔有无分泌物及其性状，两眼的分泌物及虹彩的颜色。

⑦最后触摸腹部是否变软或有积液。

（3）内部剖检 剖检前，最好用水或消毒液将尸体表面及羽毛浸湿，防止剖检时有绒毛和尘埃飞扬。

①皮下检查。尸体仰卧（即背位），用力掰开两腿，使髋关节脱位，使鸡的尸体固定。

手术剪剪开腿腹之间的皮肤，两腿向后反压，直至关节轮和腿肌暴露出来。观察腿肌是否有出血等现象。

在胸骨崤部纵行切开皮肤，然后向前、后延伸，剪开颈、胸、腹部皮肤，剥离皮肤，暴露颈、胸、腹部和腿部肌肉，观察皮下脂肪含量，皮下血管状况，有无出血和水肿；观察胸肌的丰满程度、颜色，胸部和腿部肌肉有无出血和坏死，观察龙骨是否弯曲和变形。

检查颈椎两侧的胸腺大小及颜色，有无出血和坏死；检查嗉囊是否充盈食物，内容物的数量及性状。

②内脏检查。在后腹部，将腹壁横行切开（或剪开），顺切口的两侧分别向前剪断胸肋骨、乌喙骨和锁骨，掀除胸骨、暴露体腔。注意观察各脏器的位置、颜色。浆膜的情况（是否光滑、有无渗出物及性状，血管分布状况），体腔内有无液体及其性状，各脏器之间有无粘连。

检查胸、腹气囊是否增厚、混浊，有无渗出物及其性状，气囊内有无干酪样团块，团块上无霉菌菌丝。

检查肝脏大小、颜色、质度，查看边缘是否钝，形状有无异常，表面有无出血点、出血斑、坏死点或大小不等的圆形坏死灶。

在肝门处剪断血管。再剪断胆管、肝与心包囊、气囊之间的联系，取出肝脏。纵行切开肝脏，检查肝脏切面及血管情况，肝脏有无变性、坏死点及肿瘤结节。检查胆囊大小，胆汁的多少、颜色、黏稠度及胆囊黏膜的状况。

在腺胃和肌胃交界处的右方，找到脾脏。检查脾脏的大小、颜色，表面有无出血点和坏死点，有无肿瘤结节。剪断脾动脉取出脾脏，将其切开，检查淋巴滤泡及脾髓状况。

在心脏的后方剪断食道，向后牵拉腺胃，剪断肌胃与其背部的联系，再顺序地剪断肠道与肠系膜的联系，在泄殖腔的前端剪断直肠，取出腺胃、肌胃和肠道。检查肠系膜是否光滑，有无肿瘤结节。

剪开腺胃，检查内容物的性状，黏膜及腺乳头有无充血和出血，胃壁是否增厚，有无肿瘤。观察肌胃浆膜上有无出血、肌胃的硬度，然后从大弯部切开，检查内容物及角质膜的情况。撕去肌胃角质膜，检查角质膜下的情况，看有无出血和溃疡。

查看夹在十二指肠中间的胰腺的色泽，有无坏死、出血。温和型禽流感可出现胰腺表面灰白色坏死点，胰腺边缘出血。

从前向后，检查小肠、盲肠和直肠，观察各段肠管有无充气和扩张，浆膜血管是否明显，浆膜上有无出血、结节或肿瘤。然后沿肠系膜附着部纵行剪开肠道，检查各段肠内容物的性状，黏膜有无出血和溃疡，肠壁是否增厚，肠壁上的淋巴集结和盲肠起始部的盲肠扁桃体是否肿胀，有无出血、坏死，盲肠腔中有无出血或土黄色干酪样的栓塞物，横向切开栓塞物，观察其断面情况。

将直肠从泄殖腔拉出，在其背侧可看到腔上囊，剪去与其相连的组织，摘取腔上囊。检查腔上囊的大小，观察其表面有无出血，然后剪开腔上囊检查黏膜是否肿胀，有无出血，皱襞是否明显，有无渗出物及其性状。

纵行剪开心包囊，检查心囊液的性状，心包膜是否增厚和混浊；观察心脏外形，纵轴和横轴的比例，心外膜是否光滑，有无出血，渗出物，尿酸盐沉积，结节和肿瘤，随后将进出心脏的动、静脉剪断，取出心脏，检查心冠脂肪有无出血点，心肌有无出血和坏死点。

剖开左右两心室，注意心肌断面的颜色和质度，观察心内膜有无出血。

从肋骨间挖出肺脏，检查肺的颜色和质度，有无出血、水肿、炎症、实变、坏死、结节和肿瘤。禽流感可引起肺脏瘀血、水肿、发黑。

切开肺脏，观察切面上支气管及肺泡囊的性状。

检查肾脏的颜色、质度、有无出血和花斑状条纹、肾脏和输尿管有无尿酸盐沉积及其含量。因肾型传染性支气管炎导致的鸡的肾脏肿大，花斑肾，输尿管内大量尿酸盐沉积。

检查睾丸的大小和颜色，观察有无出血、肿瘤、两者是否一致。

检查母鸡卵巢发育情况，卵泡大小、颜色和形态，有无萎缩、坏死和出血，卵巢是否发生肿瘤，剪开输卵管，检查黏膜情况，有无出血及渗出物。禽流感可导致母鸡卵泡出血，呈紫黑色。

③口腔及颈部器官的检查。在两鼻孔上方横向剪断鼻腔，检查鼻腔和鼻甲骨，压挤两侧鼻孔，观察鼻腔分泌物及其性状。

剪开一侧口角，观察后鼻孔、腭裂及喉头，黏膜有无出血，有无伪膜、痘斑，有无分泌物堵塞。

剪开喉头、气管和食道，检查黏膜的颜色，有无充血和出血，有无伪膜和痘斑，管腔内有无渗出物，黏液及渗出物的性状。

④脑部检查。切开顶部皮肤，剥离皮肤，露出颅骨，用剪刀在两侧眼眶后缘之间剪断额骨，再从两侧剪开顶骨至枕骨大孔，掀去脑盖，暴露大脑、丘脑及小脑。观察脑膜有无充血、出血、脑组织是否软化等。

9. 鸡在临床用药时应注意什么？

（1）**鸡一般均采用群体给药** 要特别注意剂量、给药次数和疗程，在剂量上一般应按其体重来推算，减小误差，掌握准确的用药剂量，如果是驱虫药一次即可达到治疗目的，但对多数药物来说，必须重复给药才能达到疗效，为了维持药物在体内的有效浓度又不致出现毒性反应，因此要特别注意给药次数和间隔时间。大多数药一天给 1 ～ 2 次，疗程 3 ～ 5 天。

（2）**注意饲料或饮水时药物添加标量的换算** 3 ～ 4 周龄的雏鸡24 小时平均饮水量为体重的 18% ～ 20%，因此，如果雏鸡使用一种药物口服量为每千克体重 12 毫克，每日 2 次，换算成饮水给药，即一天每只鸡每千克体重用药量为 24 毫克，相当于 200 毫升水中加入其药物 24 毫克。生产中饮水量与饲料量的比例为 2∶1，即加到饲料中的药物应为饮水浓度的 2 倍。

（3）**停药期**　鸡一般在宰前 10 天左右停止给药，以保证产品中无药物残留。

（4）**使用安全药**　鸡没有胆酯酶储备，所以对抗胆碱酯酶药如有机磷酸酯类非常敏感，所以驱线虫时应选用左旋咪唑、苯并咪唑类安全性较好的药物。禁用敌百虫。

（5）**注意热应激和中毒**　鸡无汗腺，高温季节热应激时，应加强物理降温，以防中暑，也可在饮水中加入维生素 C 或多种维生素溶液，减少应激，另外鸡不会呕吐，因此中毒时用催吐药无效，有机磷药物中毒时可使用双复磷，同时灌服 0.1% ～ 0.2% 高锰酸钾。

（6）**产蛋期慎用药物**

①磺胺类药物。如磺胺嘧啶、磺胺噻唑、复方新诺明等，这类药物抗菌谱广，效力稳定，使用方便，价格低廉，常用于防治鸡白痢、球虫病、盲肠炎及其他细菌性疾病，但对产蛋具有抑制作用，不能用于产蛋鸡。

②丙酸睾丸素。为雄性激素，主要用于抱窝鸡醒抱，但醒抱后必须立即停用，否则会抑制母鸡排卵，影响产蛋。

③呋喃类药物。此类对沙门氏菌引起的下痢性疾病疗效显著，但具有抑制产蛋的副作用，不宜在产蛋期使用。

④金霉素。对消化道有刺激作用，损害肝脏，能与血钙结合形成难溶性的钙盐排出体外，阻碍蛋壳形成，使产蛋率下降。

⑤新斯的明。影响子宫机能，造成蛋壳变薄，产软壳蛋。

⑥肾上腺素。可使正常鸡推迟产蛋。

⑦氨茶碱。具有松弛平滑肌的作用，可解除支气管平滑肌痉挛而产生平喘作用，主要用于缓解鸡呼吸道传染病引起的呼吸困难，产蛋鸡用药后会使产蛋量下降，虽停药后可恢复，但生产上还是以不用为好。

（7）**注意配伍禁忌**　为了提高药效，常将两种以上的药物配伍使用，但如果配伍不当，则可能出现疗效减弱或毒性增加的变化，称为配伍禁忌。因此在临床中应彻底了解所用药物的特性和使用特点，不能胡乱配伍，以免引起不良后果。

10. 安全使用兽药要注意哪些问题?

①禁止将原料药直接添加到饲料及动物饮用水中或直接饲喂动物。

②禁止将人用药品用于动物。

③禁止销售含有违禁药物或兽药残留量超过标准的食用动物产品。

④禁止使用假劣兽药以及国务院兽医行政管理部门规定禁止使用的药品和其他化合物（详见农业农村部公告第 193 号《食品动物禁用的兽药及其他化合物清单》）。

⑤有休药期规定的兽药用于食用动物时，饲养者应当向购买者或屠宰者提供准确、真实的用药记录。

⑥购买者或者屠宰者应当确保动物及其产品在用药期和休药期内不被用于食品消费。

⑦禁止在饲料和动物饮用水中添加激素类药品和国务院兽医行政管理部门规定的其他禁用药品（详见农业农村部公告第 176 号《禁止在饲料和动物饮用水中使用的药物品种目录》）。

⑧经批准可以在饲料中添加的兽药，应当由兽药生产企业制成药物饲料添加剂后方可添加。

11. 如何饲养管理发病时的鸡群?

鸡群发病通常是采取隔离、淘汰或投药治疗，这是非常必要的。由于鸡群发病还会导致生理机能的障碍，以致对环境的适应能力、营养物质的需求、内分泌的调节都有一定的影响，如果此时通过特殊的管理措施，给予辅助治疗，将会收到事半功倍的效果。鸡群发病期间，应加强以下 3 方面的管理。

（1）饲料　鸡群发病往往导致体温升高，代谢紊乱，因此，要改变饲料中的营养物质及其含量和饲喂方法。一是要提高能量水平，根据采食量降低程度，能量水平提高到正常的 1.1～1.2 倍。二是要增加维生素含量。维生素 A、B 族维生素可增加到正常量的 2～3 倍，维生素 E 可增加到正常量的 5～10 倍，还可加入适量的维生素 C 和维生素 D_3。三是要适当降低饲料中的脂肪含量。四是要增加喂料设施的数量和饲喂的次数，如有可能可加颗粒饲料或把饲料拌湿饲喂，以刺激鸡的采食。五是要保持饲料及其设施的清洁卫生，防止霉变。

（2）饮水　水是机体代谢不可缺少的重要物质。一般情况下，鸡群发病期间，对水的需求量都会明显增加。因此，鸡群发病期间更要保证供给鸡群充足而清洁的饮水。如果在水中投药，要做到 3 点：①要投入易溶解的药物，不易溶解的药物要通过搅拌、加温等方式，待其充分溶解后再饲饮；②要注意药物在饮水中的有效时间，保证鸡群在有效期内饮完；③为了提高饮水给药的药效，可在饮水前适当停水一段时间，但停水时间不宜过长。

（3）**饲养**　对发病鸡群先进行隔离观察，临时不再放养。加强鸡舍通风，勤打扫鸡舍，保持鸡舍空气清新，防止病情加剧、恶化。但在加强鸡舍通风的同时，秋、冬、春季要密切注意鸡舍保温情况，严防冷风、贼风侵袭鸡群，使鸡患感冒而加重病情。夏季要注意搞好鸡舍降温防暑工作，防止鸡群发生热应激。发病期间，不要进行气雾免疫，尽量减少带鸡消毒次数。待确诊后对鸡群进行相应治疗，及时淘汰重病鸡，防止病情扩散蔓延，减少疾病的传播概率，最大限度地减少经济损失。

12. 如何诊断鸡新城疫？

鸡新城疫俗称"鸡瘟"，又叫亚洲鸡瘟、伪鸡瘟，是由新城疫病毒引起的一种急性高度接触性传染病，是散养土鸡必须预防的疾病之一。该病毒广泛存在于病鸡的组织器官、体液、分泌物、排泄物中。该病毒对消毒剂、高温抵抗力不强，一般的消毒剂都可以将其杀灭，但该病毒在低温环境中可以存活很长时间，冷冻鸡在两年后还可以检测到该病毒。该病的感染渠道较广，可经呼吸道、消化道、损伤皮肤和泄殖腔黏膜。鸡易感本病，但不发病的其他鸡类、鸟类也可以带毒进行传播。污染的环境和带毒的鸡类是引起本病流行的重要原因。本病全年均可发生，以春秋季居多。要从以下方面进行诊断。

（1）**临床症状**　潜伏期一般 3 ~ 15 天，或者更长，根据临诊表现和病程长短可以分为最急性型、急性型、慢性型。

最急性型：常突然发病，往往看见很正常的鸡群，突然发现死亡，没有任何特殊的前兆。多见于流行初期和雏鸡。

急性型：表现为呼吸道、消化道、神经系统异常。常表现为体温升高，采食减少，饮水增加。羽毛松乱、垂头缩颈，精神不振，状似昏睡，鸡冠和肉髯颜色逐渐变暗。病鸡呼吸困难，咳嗽、流鼻涕，常发出"咯咯"的喘鸣声或者怪叫。嗉囊积液，倒提鸡时常从口角流出大量的酸臭暗色液体。下痢，呈黄绿色或黄白色，有时混有少量血液，后期排出蛋清样排泄物。部分病例常出现神经性的症状，表现为翅、腿麻痹，不容易站立。育雏期的雏鸡往往不表现明显症状，但死亡率却非常高。成年产蛋鸡产软壳蛋或者产蛋下降可达 15% ~ 35%。

慢性型：也叫亚急性型，初期症状与急性型相似，但随后减轻。耐过的鸡常表现出神经症状，如：翅膀麻痹、跛行，常原地转圈，或者头颈向一侧扭转。还有一些鸡貌似健康，一旦遇到刺激源，如惊吓、抢食、雷雨、噪声等，则出现头颈弯曲，全身抽搐，出现瘫痪或者半瘫痪，愈后不良。但病死率比较低。含有母源抗体的雏鸡群或者母源抗体水平较高的雏鸡群，当有新城疫病毒侵入时仍可发生新城疫，但发病率较低。

（2）病理变化　根据临床表现可以分为典型性新城疫和非典型性新城疫。

典型性新城疫可见全身性败血症，全身黏膜、浆膜出血，以消化道、呼吸道最为明显。特征病变：腺胃乳头肿胀或者溃疡，乳头间有明显的出血点，尤其在食管与肌胃交界处最为明显；十二指肠、小肠黏膜出血或者溃疡，有时可见到枣核状溃疡灶；盲肠扁桃体肿胀、出血、溃疡。气管出血或者坏死，周围组织发生水肿，有浆液性或者卡他性渗出物。产蛋鸡常发生卵黄性腹膜炎。

非典型性新城疫一般无典型的临床症状和病理剖检变化，育成鸡多以呼吸道和消化道症状为主，表现为呼吸困难、咳嗽、打喷嚏，精神不振，采食量减少，排黄绿色或黄白色稀便，呈零星性死亡；成年产蛋鸡主要表现为产蛋下降和不同程度的呼吸道症状。剖检可见喉头和气管内有黏液，黏膜轻微地出血，直肠和泄殖腔黏膜轻微充血、出血，腺胃黏膜混浊，乳头间偶有出血点，小肠有零星出血点，盲肠扁桃体红肿，卵泡充血、出血。

13.怎样防治鸡新城疫?

目前本病尚无有效的治疗办法，预防本病的发生是一切防疫工作的重点，常采取如下措施。

（1）杜绝病原侵入鸡群　建立健全严格的卫生防疫制度，防止一切带毒动物和污染物进入鸡场，不从疫区定购鸡苗，新购的鸡须接种新城疫疫苗隔离观察，证明健康者才可以合群。

（2）制定合理的免疫程序，有计划地对健康鸡群进行免疫接种　目前常用的疫苗有弱毒活苗Ⅱ系（HB1株）和Ⅲ系（F株），一般用于首免，采用点眼或者滴鼻，Ⅳ系（Lasota株）比Ⅱ系毒力稍强，一般用于二免，采取饮水免疫；Ⅰ系苗是中等毒力的活苗，现采用肌内注射，多为二免或二免以后使用；新城疫克隆30，其免疫效果与Ⅳ系苗相似而毒力较温和，从1日龄雏鸡至成年鸡均可使用，可滴眼、滴鼻、饮水或肌内注射，雏鸡首免应滴眼、滴鼻。

生态放养鸡一般在8～10日龄，用新城疫克隆30或Ⅳ系+H120滴鼻或饮水；30～35日龄，新城疫克隆30或IV系+传支H52滴鼻或饮水，或新城疫－传支二联灭活苗皮下或肌内注射；土蛋鸡在产蛋前2周还要皮下注射禽流感疫苗和产蛋减少综合征、新城疫、传染性支气管炎等联苗。

（3）**定期消毒和严格检疫** 鸡场大门口、鸡舍及舍外饲喂场地和饲槽、水槽等用具要定期消毒；保持饲料、饮水清洁；新购进的鸡不可立即与原来的鸡合群饲养，要单独喂养半月以上，确认无病并接种疫苗后才能合群饲养。

（4）**发生本病时的紧急处置** 鸡群一旦发生了鸡新城疫，对病鸡应隔离淘汰，死鸡应深埋或焚烧。对尚未发病的鸡应紧急接种疫苗，以IV系苗为好，通常接种1周后就不再发生新的病鸡，疫病也就被控制住了。

14. 如何诊断鸡传染性支气管炎？

传染性支气管炎是由传染性支气管炎病毒引起的鸡的一种急性、高度接触性呼吸道疾病。该病具有高度传染性，感染鸡生长受阻，耗料增加、产蛋和蛋质下降、死淘率增加，给养鸡业造成巨大经济损失。本病仅发生于鸡，各种年龄的鸡都可发病，但雏鸡最为严重。炎热、寒冷、通风不良、疫苗接种等应激因素均可促进本病的发生。本病的主要传播方式是病鸡经空气飞沫传染给易感鸡，也可以通过饲料、饮器具等经消化道传播。本病无明显季节性，寒冷季节多发。可以依据临床症状和病理变化做出初诊。

（1）**临床症状** 潜伏期1～2天或更长，病鸡在没有任何前兆的情况下，突然出现呼吸道症状，并迅速波及全群。典型特征病鸡出现咳嗽、喷嚏和气管啰音。4周龄以下病鸡还表现伸颈、张口呼吸、全身衰弱，逐渐消瘦，康复鸡发育不良。成年鸡发生很轻微的呼吸道症状，产蛋鸡产蛋量减少，并产软壳蛋、畸形蛋。蛋的品质变差，如蛋白稀薄呈水样等。病程一般为1～2周，康复后的鸡具有免疫力。肾型毒株感染鸡，呼吸道症状轻微或不出现，或呼吸症状消失后，病鸡沉郁、持续排白色或水样下痢、迅速消瘦、饮水量增加。

（2）**病理变化** 主要是气管、支气管、鼻腔和窦内有浆液性、卡他性和干酪样渗出物，气囊可能混浊或含有黄色干酪样渗出物。病死鸡气管或支气管的后半部分偶有干酪性栓塞。产蛋鸡腹腔内可见液状卵黄物质，卵泡充血、出血、变形。18日龄以内幼雏，有的见输卵管发育异常，致使成熟期不能正常产蛋，常常出现"假母鸡"现象。肾型传支肾肿大出血，多数肾呈花斑肾，肾小管和输尿管有尿酸盐沉积。严重病例可见白色尿酸盐沉积于其他组织器官。

15. 如何防治鸡传染性支气管炎?

目前本病尚无特效治疗药物,应坚持预防为主,在搞好饲养管理、减少应激的前提下接种好疫苗。鸡舍要注意通风换气,防止过挤,注意保温,补充维生素和矿物质,增强鸡体抗病力;并严格执行卫生防疫措施。常用 M41型的弱毒苗如 H120、H52 及其灭活油剂苗。一般认为 M41 型对其他型病毒株有交叉免疫作用。H120 毒力较弱,对雏鸡安全;H52 毒力较强,适用于 20日龄以上鸡;油苗各种日龄均可使用。一般免疫程序为 5 ~ 7 日龄用 H120 首免,25 ~ 30 日龄用 H52 二免。注意使用弱毒苗应与新城疫弱毒苗同时或间隔 10 天再进行免疫,以免发生干扰作用。对肾型传支可使用弱毒苗 Ma5,1日龄及 15 日龄各免疫一次。

发生本病后,应按照《中华人民共和国动物免疫法》规定,采取隔离、扑杀、消毒等措施。使用广谱抗生素和抗病毒药物,对防止继发感染有一定作用。

16. 如何诊断鸡传染性喉气管炎?

传染性喉气管炎是一种由传染性喉气管炎病毒引起的以呼吸道症状为主的急性传染病。其特征为呼吸困难、气喘、咳出含有血液的渗出物。传播快,死亡率较高。本病毒的抵抗力很弱,37℃存活 22 ~ 24 小时,但在 13 ~ 23℃中能存活 10 天。对一般消毒剂都敏感,如 1.5% 的碘伏 1 分钟即可杀死。本病主要侵害鸡,不同日龄的鸡都可感染,但成年鸡的症状最具有典型特征,其他鸡类,如:野鸡、山鸡、孔雀等也有感染情况发生。康复后的带毒鸡和病鸡是主要的传染源。病毒存在于气管和上呼吸道分泌液中,通过咳出血液和黏液而经上呼吸道传播,污染的垫料、饲料和器具等均可间接传播。当接种疫苗的鸡群与易感鸡进行长久接触时,也可感染本病。可以依据临床症状和病理变化做出初诊。

(1) **临床症状**　本病的潜伏期 5 ~ 13 天。病鸡采食量减少,迅速消瘦,其主要特征表现为呼吸道症状,呼吸时发出湿性啰音、咳嗽,有喘鸣音,病鸡吸气时头和颈部向前向上,张口尽力吸气。严重的病鸡,高度呼吸困难,可咳出带血的黏液。如果分泌物不能咳出,病鸡可能窒息死亡。产蛋鸡发病时产蛋量急剧下降或停止,康复后 1 ~ 2 个月才能恢复。根据发病表现可分为以下两种类型。

①喉气管型。是高致病性病毒株引起的，病鸡咳嗽，表现痛苦，身体随呼吸呈波浪式起伏，抬头伸颈，并发出响亮的喘鸣声。病鸡摇头时，咳出血痰，常见血痰附着于鸡笼上。将鸡的喉头用手上顶，令鸡张口，可见喉头出血，并伴有泡沫状液体。若喉头被血液凝块堵塞，则病鸡会窒息死亡，死鸡一般体况较好，死亡时多呈仰卧姿势。

②结膜型。是低致病性病毒株引起的，主要表现为眼结膜炎或者鼻炎，眼结膜红肿，并伴有流泪、流鼻涕。若伴有支原体混合感染，则眶下窦肿胀，甚至导致失明。产蛋鸡表现为产蛋率下降，砂皮蛋、软壳蛋增多。

（2）病理变化　本病比较缓和的病例，仅见结膜和窦内上皮的水肿及充血。急性典型病变在气管和喉部，初期黏膜充血、肿胀，进而变性、出血和坏死；气管含有血凝块或血黏液，气管管腔变窄，偶有黄白色纤维素性干酪样假膜。严重时支气管、肺和气囊等部发炎，甚至上行至鼻腔和眶下窦。

17. 如何防治鸡传染性喉气管炎？

目前本病尚无特效治疗药物，坚持执行严格的卫生防疫措施是防止本病流行的有效方法。

（1）不接触来历不明的鸡　带毒鸡是本病的主要传染源之一。生态放养的土鸡，最好实行全进全出。不要随便把来历不明的新购进的鸡进行合群饲养。

（2）不随便使用疫苗　没有本病流行的地区最好不用弱毒疫苗免疫，更不能用自然强毒接种，因为弱毒疫苗可能会造成病毒的终生潜伏，偶尔活化和散毒，它不仅可使本病疫源长期存在，还可能散布其他疫病。

（3）在本病流行的地区可接种疫苗　目前使用的疫苗有两种，一种是弱毒苗，接种途径是点眼，但可引起轻度的结膜炎且可导致暂时的盲眼，如有继发感染，甚至可引起1%～2%的死亡。故有人用滴鼻和肌内注射法，但效果不如点眼好。另一种为强毒疫苗，只能作擦肛用，绝不能将疫苗接种到眼、鼻、口等部位，否则会引起疾病的暴发。擦肛后3～4天，泄殖腔会出现红肿反应，此时就能抵抗病毒的攻击。强毒疫苗免疫效果确实，但未确诊有此病的鸡场、地区不能用。一般首免可在4～5周龄时进行，12～14周龄时再接种1次。

（4）对症治疗　对发病群投服抗菌药物，防止继发感染。中药喉症丸或六神丸对治疗喉气管炎有一定效果。每天1次，每天2～3粒/只，连用

3～5天。可使用平喘药物缓解症状。

18. 如何诊断放养鸡低致病性禽流感?

禽流感是由甲型流感病毒引起的一种最严重的病毒性传染病之一,被感染的鸡发病率和死亡率都非常高,往往造成放养失败。

禽流感的血清型多种多样,但根据致病性分为高致病性和低致病性两种。高致病性禽流感,一般能引起高致病性的血清型为H5和H7亚型。该病的传染途径是通过消化道、呼吸道、损伤的皮肤、眼结膜等。该病可以通过其他鸡类、鸟类传播,应该引起广大养殖户的注意。该病毒在低温和干燥的环境可以存活数月,在阳光直射下40～48小时可以灭活,对氯制剂敏感,多发于春秋季。一旦发现可疑高致病性禽流感,应立即上报当地畜牧兽医主管部门,待确诊后,由政府采取控制措施,养殖户不能私自采取任何措施。

低致病性禽流感又叫致病性禽流感、非高致病性禽流感或温和型禽流感,是指某些致病性低的禽流感病毒毒株(如H9N2亚型)感染鸡引起的以低死亡率和轻度的呼吸道感染等临床症候群,其本身并不一定造成鸡群的大规模死亡。由于对鸡养殖和贸易的影响没有高致病性禽流感严重,因此没有被列为A类或B类疾病。但感染后往往造成鸡群的免疫力下降,对各种病原的抵抗力降低,常常易发生并发或继发感染。当这类毒株感染伴随有其他病原的感染时,死亡率变化范围较广(5%～97%),往往造成很高的致死率。

损伤主要发生在呼吸道、生殖道、肾或胰腺。因此,低致病性禽流感对肉鸡业的危害也是很严重的。每次突然暴发的高死亡率疫病,往往就是低致病性禽流感。

(1)临床症状 低致病性禽流感因地域、季节、品种、日龄、病毒的毒力不同而表现出症状不同、轻重不一的临床变化。

①精神不振,或闭眼沉郁、呆立一隅或扎堆靠近热源,体温升高,发烧严重鸡将头插入翅内或双腿之间,反应迟钝。

②采食和饮水减少或废绝,拉黄白色带有大量泡沫的稀便或黄绿色粪便,有时肛门处被淡绿色或白色粪便污染。

③张口呼吸,呼吸困难,打呼噜,呼噜声如蛙鸣叫,此起彼伏或遍布整个鸡群,有的鸡发出尖叫声,甩鼻、流泪、肿眼或肿头,肿头严重鸡如猫头鹰状。病鸡多窒息蹦高而死亡,死态仰翻,两脚登天。

④鸡冠和肉髯发绀,鸡脸无毛部位发紫;病鸡下颌肿胀、发硬。胫部以

下鳞片发红或发紫，鳞片下出血。病鸡或死鸡全身皮肤发紫或发红。

⑤鸡感染低致病性禽流感后，可破坏免疫系统，导致严重的免疫抑制；可继发大肠杆菌、气囊炎，造成较高的致死率。

（2）主要病理变化

①低致病性禽流感跗关节以下胫部鳞片出血。

②肺脏坏死，气管栓塞，气囊炎。肺脏大面积坏死是肉鸡发生禽流感的一个特征性病变。肺脏瘀血、水肿、发黑；鼻腔黏膜充血、出血，气管环状出血，内有灰白色黏液或干酪样物；气囊混浊，严重者可见炒鸡蛋样黄色干酪样物；支气管、细支气管内有黄白色干酪样物。气囊中出现干酪样物，引发气囊炎，临床上多见胸、腹腔的气囊中出现干酪样物。

③引起肾充血。鸡常见肾脏肿大，紫红色，花斑样，此种现象与肾型传染性支气管炎、痛风等病有相似之处。鉴别诊断在于肾型传染性支气管炎机体脱水更严重，尸体干硬，皮肤难于剥离，死态多见两腿收于腹下；肾型传染性支气管炎一般见不到类似禽流感的多处出血现象。禽流感出现的肾肿、花斑肾和严重肾出血，使用通肾药物效果不明显。

④皮下出血。病鸡头部皮下胶冻样浸润，剖检呈胶冻样；颈部皮下、大腿内侧皮下、腹部皮下脂肪等处，常见针尖状或点状出血，这样的点状出血解剖活禽时易发现，而死亡时间长的则看不到。

⑤腺胃、肌胃出血。腺胃肿胀，腺胃乳头水肿、出血，肌胃角质层易剥离，角质层下往往有出血斑；肌胃与腺胃交界处常呈带状或环状出血。

⑥心肌变性，心内、外膜出血；心冠脂肪出血。

⑦胰脏边缘出血或灰白色坏死，有时肿胀呈链条状。

⑧脾脏肿大，有灰白色的坏死灶。

⑨胸腺萎缩，出血。

⑩继发严重的肝周炎、心包炎。

19. 如何防控放养鸡低致病性禽流感？

接种疫苗是预防禽流感的根本措施。现在生产的疫苗有 H9N2 亚型疫苗、禽流感 H5+H9 二价灭活疫苗、重组禽流感病毒灭活疫苗 H5N1 亚型 Re-1 株和 Re-4 株等。

目前使用的低致病性禽流感疫苗是 H9N2 亚型疫苗，从多年的使用效果来看，产生抗体滴度高，维持时间长，有效抗体水平可以维持 5 ～ 6 个月，保护效果良好。特别需要提醒的是 H9 亚型禽流感的流行在国内已有 10 多年的历史，现已呈全国分布，不免疫鸡群发病是必然的。

免疫程序：20 ～ 30 日龄首免，产蛋前二免，以后根据抗体检测结果决定免疫时间。无抗体检测条件的可 4 ～ 5 个月免疫 1 次。

对于低致病性禽流感，确诊后用疫苗紧急免疫接种，一般在接种后 2 ～ 3 周可以控制疾病流行，同时使用抗生素控制继发感染。

20. 怎样诊断放养鸡传染性法氏囊病？

鸡传染性法氏囊病是由鸡传染性法氏囊病病毒引起雏鸡的一种急性、高度接触性传染病。本病主要感染 2 ～ 16 周龄鸡，3 ～ 6 周龄时最易感。本病一年四季都能发生，但以 5—7 月发病较多。目前，本病是危害我国养鸡业最严重的传染病之一。该病毒在自然界存活时间较长，在病鸡舍中的病毒可存活 122 天。病毒对乙醚、氯仿、酚类、升汞和季铵盐等都有较强的抵抗力，但以含氯化合物、含碘制剂、甲醛敏感。本病只感染鸡，但经研究麻雀也可以带毒。污染的饲料、饮水、垫草、用具等皆可成为传播媒介。主要经呼吸道、眼结膜及消化道感染。根据流行病学特点、特征症状和病变可对本病做出初步诊断。

（1）**临床症状** 本病潜伏期短，感染后 2 ～ 3 天就出现症状。早期为厌食、呆立，畏寒战栗，精神不振，缩头乍毛等。随后病鸡排白色或黄白色水样便，肛门周围羽毛被粪便污染。病鸡扎堆，严重者垂头缩颈，对外界刺激反应迟钝，发病 1 ～ 2 天内死亡，死亡率直线上升，5 ～ 7 天达到死亡高峰，随后死亡下降。病鸡耐过后出现贫血、消瘦、生长缓慢、饲料利用率低。当本病与支原体病等合并感染时，病鸡不仅病情加重，死亡率高，而且病程加长，伴有明显的呼吸道症状。病鸡常继发感染鸡新城疫、大肠杆菌病、球虫病等。

（2）**病理变化** 病死鸡脱水，皮下干燥，胸肌和两腿外侧肌肉条纹状或刷状出血。法氏囊黄色胶冻样渗出，囊浑浊，囊内皱褶出血，严重者呈紫葡萄样外观。肾脏肿胀，花斑肾，肾小管和输尿管有白色尿酸盐沉积。

21. 如何防控放养鸡传染性法氏囊病？

该病目前无特效治疗药物，免疫接种和综合防治措施是控制该病的主要方法。还有一些有效的辅助治疗。

（1）**免疫接种** 在定购鸡苗的时候要选择母源抗体高的鸡场，进鸡后采用琼扩法测定雏鸡的母源抗体，根据母源抗体水平确定雏鸡的首免时间。没有条件检测的鸡场，一般可采用 10 ～ 14 天首免，18 ～ 22 天进行二免。所用的疫苗为中等毒力疫苗。另外，本病虽然没有特效药物，但在发病早期可以采用传染性法氏囊炎高免血清或高免蛋黄液进行注射治疗，有较好的治疗效果。如果混合细菌感染要使用抗生素进行治疗。

（2）**中药治疗** 可以用中草药辨证理论来进行治疗，现介绍方剂如下。

方一：黄芪 30 克，黄连、生地、大青叶、白头翁、白术各 150 克，甘草 80 克，供 500 羽鸡，每日 1 剂，每剂水煎 2 次，取汁加 5% 白糖饮水服用，连服 2 ～ 3 剂。

方二：生地、白头翁各 4g，金银花、蒲公英、丹参、茅根各 3 克，水煎 2 次，取汁加适量糖，供 10 羽鸡饮用，每日 1 剂，连用 3 日。

（3）**综合防控** 实行全进全出制度，加强饲养管理，提高环境控制措施，给鸡群提供一个良好的环境，避免发生其他应激，如噪声，陌生动物、野兽等闯入等。可以饲喂微生态制剂，调节肠胃功能，增强机体免疫力。

22. 放养鸡鸡痘是怎样发生的？怎样防控？

鸡痘是由鸡痘病毒引起的一种接触性传染病，以体表无毛、少毛处皮肤出现痘疹或上呼吸道、口腔和食管黏膜的纤维素性坏死形成假膜为特征的一种接触性传染病。死亡率一般不高，但影响鸡群的生产性能。因外观影响产品质量，消费者拒食，即便能勉强购买，售价也很低。

皮肤型：主要在皮肤无毛处如冠、肉髯、眼皮等处有麸皮样覆盖物，形成白色结节，结节互相融合成为棕褐色痘痂，痘痂经 20 ～ 30 天脱落后形成瘢痕。

白喉型：口腔和咽喉的黏膜上形成一层灰白色豆腐样薄膜，覆盖在黏膜上不易剥离，导致鸡呼吸和吞咽困难，严重时窒息死亡。

病鸡皮肤上的结痂和口腔、咽喉的假膜可用镊子剥离，涂搽碘甘油局部治疗。

预防鸡痘最有效的方法是接种鸡痘鹌鹑化弱毒疫苗。夏秋季节，建议于 5 ～ 10 日龄接种鸡痘鹌鹑化弱毒冻干疫苗 200 倍稀释，摇匀后用消毒刺种针或笔尖蘸取，在鸡翅膀内侧无血管处进行皮下刺种，每只鸡刺种一下。刺种后 3 ～ 4 天，抽查 10% 的鸡作为样本，检查刺种部位，如果样本中有 80% 以上的鸡在刺种部位出现痘肿，说明刺种成功。否则应查找原因并及时补种。夏季做好放养场地的灭蚊蝇工作。

23. 鸡马立克氏病病毒是怎样传播的?

马立克氏病（MD）是由疱疹病毒引起鸡的一种最常见的淋巴组织增生性肿瘤病，是放养鸡需要特别注意防控的重点疾病。其传播特点如下。

（1）易感动物　主要是鸡、火鸡、山鸡和鹌鹑等，其他禽类少见，非禽类不易感。

（2）本病主要通过空气传染　病鸡和带毒鸡脱落的羽毛、皮屑成为自然条件下最主要的传染源。本病毒主要经呼吸道进入体内，也可经消化道传染。一般认为本病不垂直传播，但经孵化厂的传染或被污染的种蛋传染是主要的途径，主要是由于刚出壳雏鸡易感性极高的缘故。吸血昆虫如某些甲虫、蚊子和鸡螨，也可能是传播本病的媒介。

鸡马立克氏病可使幼龄鸡感染，并终生带毒，感染的鸡不一定都出现症状，无症状的鸡并非不带病毒。因此，隐性感染带毒鸡是鸡群中传播本病的祸根。有人认为，通过鸡蛋传染本病的可能性不可忽视。

（3）鸡马立克氏病的发病率差别很大　患本病后，除少数病鸡能痊愈康复外，一般都死亡。其病死率与发病率几乎相等。病毒的株系、剂量和感染途径，鸡的性别、遗传特性和年龄，以及应激因素等，都能影响本病的发病率和死亡率。严重的发病常与环境应激因素或其他疾病，特别是球虫病有关。母鸡比公鸡易感性高。随着年龄的增长，其易感性降低。人工接种试验，1日龄雏鸡的易感性比成年鸡大 1 000 ～ 10 000 倍。用同一株病毒接种 1 日龄和50 日龄雏鸡，结果两群鸡的发病率分别为 73% 和 6%。鸡群对本病具有年龄抵抗力的现象。2 ～ 5 月龄的鸡易发，育成鸡群易发急性病例。遗传特性在本病的感染上具有重要作用。

24. 鸡马立克氏病的临床表现可以分为哪几种类型?

本病的潜伏期常为 3 ～ 4 周，一般在 50 日龄以后出现症状，70 日龄后陆续出现死亡, 90 日龄以后达到高峰，很少晚至 30 周龄才出现症状，偶见 3 ～ 4 周龄的幼龄鸡和 60 周龄的老龄鸡发病。

本病的发病率变化很大，一般肉鸡为 20% ～ 30%，个别达 60%，产蛋鸡为 10% ～ 15%，严重达 50%，死亡率与之相当。

根据临床表现分为神经型、内脏型、眼型和皮肤型等4种类型。

（1）神经型　常侵害周围神经，以坐骨神经和臂神经最易受侵害。当坐骨神经受损时病鸡一侧腿发生不全或完全麻痹，站立不稳，两腿前后伸展，呈"劈叉"姿势，为典型症状。当臂神经受损时，翅膀下垂；支配颈部肌肉的神经受损时病鸡低头或斜颈；迷走神经受损鸡嗉囊麻痹或膨大，食物不能下行。一般病鸡精神尚好，并有食欲，但往往由于饮不到水而脱水，吃不到饲料而衰竭，或被其他鸡只践踏，最后均以死亡而告终，多数情况下病鸡被淘汰。

（2）内脏型　常见于50～70日龄的鸡，病鸡精神委顿，食欲减退，羽毛松乱，鸡冠苍白、皱缩，有的鸡冠呈黑紫色，黄白色或黄绿色下痢，迅速消瘦，胸骨似刀锋，触诊腹部能摸到硬块。病鸡脱水、昏迷，最后死亡。

（3）眼型　在病鸡群中很少见到，一旦出现则病鸡表现瞳孔缩小，严重时仅有针尖大小；虹膜边缘不整齐，呈环状或斑点状，颜色由正常的橘红色变为弥漫性的灰白色，呈"鱼眼状"。轻者表现对光线强度的反应迟钝，重者对光线失去调节能力，最终失明。

（4）皮肤型　较少见，往往在屠宰鸡只时褪毛后才发现，主要表现为毛囊肿大或皮肤出现结节。临床上以神经型和内脏型多见，有的鸡群发病以神经型为主，内脏型较少，一般死亡率在5%以下，且当鸡群开产前本病流行基本平息。有的鸡群发病以内脏型为主，兼有神经型，危害大，损失严重，常造成较高的死亡率。

25.鸡马立克氏病有什么病理变化?

神经型病变主要在周围神经，尤为常见的是腹腔神经丛、臂神经丛、坐骨神经丛和内脏大神经。病变的神经肿大，有的比正常肿大好几倍，呈灰白色或黄白色，水肿，好像在水中泡过一样。神经表面偶然可看到小结节，使神经变得粗细不均。这些变化是由于神经组织中有大量淋巴样细胞浸润和水肿所造成的。病变的神经多是一侧性的，因此，很容易与另一侧变化轻微的神经相比较。

内脏型病鸡的病理变化是在卵巢、睾丸、肝、心、肺、脾、肾、胰、肠系膜、腺胃、肠壁、骨骼肌等部位。可能发生单独的或多个的淋巴性肿瘤病灶，有肿瘤病变的脏器常肿大色淡，肿瘤组织弥漫地浸润在脏器实质内，肿瘤的大小不一，呈扁平或圆形，切面平滑。法氏囊常萎缩，组织学检查可见皮质及髓质萎缩、坏死，滤泡间有淋巴样细胞浸润，这与淋巴细胞性白血病不同。

26. 怎样诊断鸡马立克氏病?

可根据病鸡特征性的麻痹症状，全身进行性消瘦以及病变进行综合诊断。但要注意，内脏型病鸡的临床症状往往不甚明显，要确诊还须采取病鸡的周围神经（如坐骨神经）做组织学检查。有条件时，也可应用琼脂扩散试验、荧光抗体检查和间接红细胞凝集试验等血清学方法诊断。

琼脂扩散反应的方法比较简单，是用马立克氏病高免血清来测定病鸡的羽囊有无病毒存在，借以确诊。可在病鸡腋下拔取 1 根羽毛，剪下毛根尖一小段，放在琼脂扩散板的外周检验孔内，每只鸡的 1 根羽毛占用 1 个孔；再将一定量的马立克氏病高免血清放入扩散板中央孔内，在室温中放置 2 ～ 3 天。最后观察反应结果，放羽毛的孔和血清的中央孔之间，如出现 1 条白色不透明的细线条（沉淀线）即为阳性反应。血清学试验只能确定是否感染，不能确定是否发生肿瘤。有人主张，病鸡出现下列一种或多种征象，即可作为马立克氏病的诊断：①周围神经或脊神经节发生白血病性增大；②眼球的虹膜褪色，瞳孔不整齐；③在 18 周龄以内的鸡，各种器官中出现淋巴性肿瘤。

27. 如何防治生态放养鸡马立克氏病?

（1）对鸡群，特别是种鸡场，必须严格彻底地做好检疫工作，发现病鸡，立即隔离淘汰，彻底消灭本病的传染源。

（2）雏鸡对马立克氏病的易感性最高，必须与成年鸡分开饲养管理，防止接触。

（3）严格进行鸡群的消毒、卫生防疫，定期进行药物驱虫，特别要加强对雏鸡球虫病的防治。

（4）有条件的种鸡场应该注意选育对马立克氏病有抵抗力的品系。

（5）坚持自繁自养，在必需引进良种时，应到健康种鸡场购进种蛋（鸡）。

（6）及时免疫接种，提高特异性抵抗力。目前，我国生产和使用的疫苗有火鸡疱疹病毒疫苗、马立克氏病"814"弱毒疫苗和马立克氏病多价疫苗。

①火鸡疱疹病毒疫苗。是目前较常用的一种预防马立克氏病的疫苗，由

于接种此疫苗的雏鸡在 1 ～ 2 周后才能产生免疫保护力，因此，为了避免早期感染野外强毒，须在雏鸡 1 日龄时接种疫苗。我国生产的鸡马立克氏病火鸡疱疹病毒冻干疫苗，要求必须冷藏包装运输，收到疫苗后应立即存放在 0℃ 以下环境中保存。也可放在加冰块的广口瓶内，尽快用完。疫苗应贴瓶签，注明制品名称、批准文号、批号、制造日期、每瓶只份、保存方法、有效期、检验号及厂名等。适用于 1 ～ 3 日龄雏鸡。使用冻干苗时，按瓶签注明只份和注明剂量，加 SPG 稀释液（SPG 液配法：每 1 000 毫升无离子水中含蔗糖 76.62 克、磷酸二氢钾 0.52 克、磷酸氢二钾 1.64 克或无水磷酸氢二钾 1.25 克、谷氨酸钠 0.83 克，滤器滤过，经检验无菌后冷冻保存备用）稀释，每只鸡肌内或皮下注射 0.2 毫升（含 2 000 蚀斑单位）。疫苗稀释后，周围应置有冰块并避免日光照射，在 1 ～ 2 小时内用完，时间延长，影响苗效。接种 10 ～ 14 天后可产生免疫力，免疫期可持续 18 个月。发生过本病的鸡场，接种时，场地、禽舍先清洁消毒。接种后，加强管理，隔离观察 3 周。

②鸡马立克氏病"814"弱毒疫苗。是用低毒力的马立克氏病毒弱毒株（814 株）制成，适用于 1 ～ 3 日龄雏鸡。由于"814"弱毒株是细胞结合性病毒，疫苗必须在液氮中保存。使用时，自液氮罐中取出后迅速放入 38℃ 温水中，待完全融化后再按注明的只份、剂量用疫苗稀释液稀释，每只雏鸡肌内或皮下注射 0.2 毫升。稀释的疫苗应避免日光照射，1 小时内用完，经常摇动疫苗瓶，使之均匀。接种后 8 天可产生免疫力，免疫期可持续 18 个月。

③马立克氏病 CVl988 / Rispens 冷冻疫苗。1 日龄小鸡皮下注射 0.2 毫升，5 天后产生抗体，保护指数可达到 94.5% ～ 100%。

④马立克氏病多价疫苗。有 SB–1 + 火鸡疱疹病毒双价疫苗、Z4 + 火鸡疱疹病毒双价疫苗等，免疫效果良好。

28. 鸡大肠杆菌病的传播途径有哪些？

大肠杆菌病又称大肠杆菌感染，是由致病性大肠埃希氏菌引起鸡的非肠道传染病的总称。鸡发生大肠杆菌病时出现多种病型，主要有急性败血症、大肠杆菌性肉芽肿、脐炎、输卵管炎和腹膜炎等。蛋鸡常见腹膜炎和输卵管炎，雏鸡常见脐炎，肉鸡常见心包炎、肝周炎、腹膜炎等。

本病各种日龄鸡都能感染，蛋鸡在雏鸡阶段更易感。成年鸡发生本病，除死亡造成的直接损失外，还引起产蛋量下降以及淘汰鸡商用价值降低。由此可见大肠杆菌病的危害是不容忽视的。本病一年四季均可发生，但以冬末春初较为多见。如果饲养密度大，场地陈旧、环境已被严重污染，本病则可随时发生。本病可以通过 3 种传播途径进行传播。

（1）**通过种蛋传播** 一方面种蛋产出后被粪便等脏物污染，在蛋温降至环境温度的过程中，蛋壳表面污染的大肠杆菌很容易通过蛋壳屏障进入蛋内，发生蛋外感染；另一方面患有大肠杆菌性卵巢和输卵管炎的母鸡，在蛋的形成过程中本菌即可进入蛋内，这样就造成本病的垂直传播。

（2）**通过呼吸道传播** 10～20 日龄雏鸡或 6～10 周龄育成鸡的气囊炎、败血症等多由呼吸道感染而发生。禽致病性大肠杆菌污染空气后被易感禽只吸入，进入下呼吸道后侵入血液而引起发病；经呼吸道侵入后也可直接附着在气囊上，大量增殖，引起气囊炎和败血症。

（3）**通过消化道感染** 致病性大肠杆菌，经粪便排出后，污染了饲料、饮水，继而引起本病发生，尤以水源被污染引起发病为常见。

29. 鸡大肠杆菌病有什么临床表现和剖检变化？

（1）**败血症** 雏鸡较易发生，主要表现为精神不振，采食下降，严重的死亡率可达 50%。剖检可见：心包炎，心肌有结节性肉芽肿，有干酪样渗出；肝周炎，肝肿大、坏死；气囊炎，气囊混浊、增厚；输卵管炎症。成年鸡发生肿头综合征，产蛋下降，常伴有腹膜炎、眼炎。

（2）**出血性肠炎** 正常情况下，本病菌一般寄生在肠道的后段，但当发生应激或者管理不善等因素，病菌就会在肠前段引起疾病。剖检可见前段肠黏膜出血、增厚。

（3）**其他炎症** 大肠杆菌根据侵害部位不同，表现炎症也不同，还可引起病鸡跛行或呈伏卧为滑膜炎和关节炎，剖检可见一个或多个腱鞘、关节发生肿大；大肠杆菌还可引起全眼球炎、脑炎。种蛋内的大肠杆菌可引起雏鸡的脐带炎，在鸡 2～4 日龄就开始死亡，死亡鸡只脐部肿大、发炎，卵黄膜内有干酪样渗出物。

30. 怎样防治鸡大肠杆菌病？

（1）**防控**

①选择质量好、健康的鸡苗，这是保证后期大肠杆菌病少发的一个基础。

②大肠杆菌是条件性致病菌，所以良好的饲养管理和饲养环境是保证该病少发的关键。放养前，要检查放养区内的水源有无被大肠杆菌污染，如有

则应隔离，不要让放养鸡直接饮用；保持育雏室适当温度及适宜的饲养密度；用具经常清洁和消毒；种蛋及时熏蒸。

③适当的药物预防。药物的选择可根据鸡只的不同日龄，多听从兽医专家的建议进行选择，且不可滥用。

（2）治疗　广谱的抗生素对本病有较好的疗效，但是经常使用一种抗生素大肠杆菌容易产生耐药性，会降低治疗效果。最好进行药敏试验，选出最佳的治疗药物。在抗生素的使用过程中，要注意不使用国家规定的禁用药，对可以使用的药物也要注意控制剂量，合理使用。建议使用中药治疗，可用黄连 1 份、黄柏 1 份、黄芩 1 份、大黄 0.6 份，配合后每羽 0.3 ～ 1 克，连用 3 ～ 4 天。

31. 鸡白痢有哪些主要症状和病理变化?

鸡白痢是由鸡白痢沙门氏菌引起雏鸡的一种急性、败血性传染病。2 周龄以内的雏鸡发病率和死亡率都很高，成年鸡多呈慢性经过，症状不典型，但带菌种鸡可通过种蛋垂直传播给雏鸡，还可通过粪便水平传播。大多通过带菌的种蛋进行垂直传播。如果孵化了带菌的种蛋，雏鸡出壳 1 周内就可发病死亡，对育雏成活率影响极大。育成期虽有感染，但一般无明显临床症状，种鸡场一旦被污染，很难根除。

感染种蛋孵化时，一般在孵化后期或出雏器中可见到已死亡的胚胎和即将垂死的弱雏。

早期急性死亡的雏鸡，一般不表现明显的临床症状；3 周以内的雏鸡临床症状比较典型，表现为怕冷、尖叫、两翅下垂、反应迟钝、减食或废绝，排出白色糊状或白色石灰浆状的稀粪，有时黏附在泄殖腔周围。因排便次数多，肛门常被粘糊封闭，影响排粪，常称"糊肛"，病雏排粪时感到疼痛而发出尖叫声。鸡白痢病鸡还可出现张口呼吸症状。

有的可见关节肿大，行走不便，跛行，有的出现眼盲。其引起的发病率与死亡率从很低到 80% ～ 90% 不等，2 ～ 3 周龄时是其高峰，3 或 4 周龄以后，虽有发病，但很少死亡，表现为拉白色粪便，生长发育迟缓。康复鸡能成为终身带菌者。

雏鸡白痢病死鸡呈败血症经过，鸡只瘦小，羽毛污秽，肛门周围污染粪便、脱水、眼睛下陷、脚趾干枯。卵黄吸收不全；心包增厚，心脏上常可见灰白色坏死小点或小结节肉芽肿；肝脏肿大，并可见点状出血或灰白色针尖状的灶性坏死点；胆囊扩张，充满胆汁；脾脏肿大，质地脆弱；肺可见坏死或灰白色结节；肾充血或贫血，褪色，输尿管显著膨大，有时个别在肾小管中有尿酸盐沉积。肠道呈卡他性炎症，特别是盲肠常可出现干酪样栓子。

32. 怎样防治鸡白痢？

加强实施综合性卫生管理措施，结合合理用药是防治本病的关键。种鸡应严格执行定期检疫与淘汰制度。种鸡在 140～150 天进行第一次白痢检疫，视阳性率高低再确定第二次普检时间，产蛋后期进行抽检，对检出白痢阳性鸡要坚决淘汰。收集的种蛋用甲醛熏蒸消毒后再送入蛋库贮存，种蛋进入孵化器后及出雏时都要再次消毒。

①对雏鸡（开口时）可选用敏感的药物加入饲料或饮水中进行预防，防止早期感染。

②保证鸡群各个生长阶段、生长环境的清洁卫生，杀虫防鼠，防止粪便污染饲料、饮水、空气、环境等。

③改进生产模式，实行全进全出的饲养模式，推行自繁自养的管理措施。

④加强育雏期的饲养管理，保证育雏温度、湿度和饲料的营养。

⑤治疗的原则是：抗菌消炎，提高抗病能力。可选择敏感抗菌药物预防和治疗，防止扩散。常用药物有庆大霉素、氟喹诺酮类、磺胺二甲基嘧啶等。

⑥在饲料中添加微生态制剂，利用生物竞争排斥的现象预防鸡白痢。常用的商品制剂有促菌生、强力益生素等，可按照说明书使用。

⑦使用本场分离的沙门氏菌制成油乳剂灭活苗，做免疫接种。

⑧定期检疫，净化鸡群。种鸡场必须适时地进行检疫，一般是挑选或引进健康种鸡、种蛋，建立健康种鸡群，种鸡 70 日龄进行全血平板凝集试验，及时淘汰检出的所有阳性鸡。以后每隔一个月检测一次，达到净化目的。种蛋入孵前要熏蒸消毒，同时要做好孵化环境、孵化器、出雏器及所有用具的消毒。

33. 怎样防治鸡伤寒、鸡副伤寒？

鸡伤寒是由禽伤寒沙门氏菌引起的主要发生于育成鸡和产蛋鸡的一种呈急性或慢性败血型疾病。本病主要感染鸡，4～20 周龄的青年鸡易感，特别是 8～16 周龄鸡最易感。带菌鸡是本病的主要传染源，主要通过粪便感染，也可通过眼结膜或其他介质机械传播，也可通过被污染的种蛋垂直传播给雏鸡。毒力强的菌株引起较高死亡率，病鸡精神差，贫血，冠和肉髯苍白皱缩，拉黄绿色或绿色稀粪。肝、脾、肾肿大，肝呈浅绿、棕色或青铜色，有时肝表面有出血条纹或灰白色粟状坏死小点；肠道有卡他性炎症，肠黏膜有溃疡，以十二指肠较严重。

鸡副伤寒是由鼠伤寒、肠炎等沙门氏菌引起疾病的总称。主要发生于4～5日龄雏鸡，可引起大批死亡。以下痢、结膜炎和消瘦为特征。人吃了经污染的食物后易引起食物中毒，应引起重视。

本病主要通过消化道和种蛋传播，也可通过呼吸道和皮肤伤口感染，一般多呈地方性流行。雏鸡多呈急性败血症经过，成年鸡多呈隐性感染。

临床症状和病理变化基本同鸡白痢。急性死亡的雏鸡剖检变化不典型，病程稍长的雏鸡可见消瘦、脱水、蛋黄吸收不良，肝、脾、肾肿大明显，充血变红；慢性经过的雏鸡出现青铜肝、肠道有出血或坏死性炎症，内容物呈绿色胆汁样，成年鸡卵泡变性、变色，常呈黑色或绿黑色。盲肠有干酪样栓塞。

鸡伤寒、鸡副伤寒的防治措施同鸡白痢。

34. 怎样诊断鸡霍乱？

鸡巴氏杆菌病又叫鸡霍乱，是由鸡多杀性巴氏杆菌引起鸡的接触性疾病，也是放养鸡需要重点防控的疾病之一。该菌为革兰氏阴性菌，主要致病血清型为A型，对外界抵抗力不强，普通消毒药就有良好的灭菌效果，日光有很强的灭菌效果。一般产蛋鸡群比较容易发生，经常由于应激因素的发生引起。慢性感染的鸡成为重要的污染源，可以通过呼吸道、消化道和眼结膜来感染。粪便中很少含有该菌。通过临床症状和病理变化可以做出初步诊断。

（1）临床症状　自然感染的潜伏期为2～9天。

①最急性型。常见于流行初期，以产蛋高的鸡最常见。病鸡无前驱症状，晚间一切正常，次日发病死在鸡舍内。

②急性型。此型最为常见，病鸡主要表现为精神沉郁，羽毛松乱，缩颈闭眼，头缩在翅下。病鸡体温升高，饮水增加，伴有腹泻，排出黄色、灰白色或绿色的稀粪。鸡冠和肉髯变青紫色，有的病鸡肉髯肿胀。病鸡口、鼻分泌物增加。土鸡产蛋期产蛋量突然下降40%～70%。

③慢性型。多见于流行后期，由急性不死转变而来。可引起慢性呼吸道炎、慢性肺炎和慢性胃肠炎。病鸡鼻孔有黏性分泌物流出，鼻窦肿大。病鸡

腹泻，进行性消瘦，精神委顿，冠苍白。有些病鸡一侧或两侧肉髯显著肿大，随后可能有脓性干酪样物质；有的病鸡有关节炎，表现为关节肿大、脚趾麻痹，继而跛行。病程可拖至一个月以上，但生长发育和产蛋长期不能恢复。

（2）病理变化

①最急性型。死鸡无明显病变。

②急性型。特征病变是病鸡的腹膜、肠系膜、黏膜常见有小的出血点，肝肿大，变脆易碎，表面有许多白色针尖大的坏死点，肌胃和十二指肠出血，发生出血性肠炎。

③慢性型。侵害呼吸道时，可见鼻腔内有黏液，肺硬化；侵害关节时，可见关节肿大、变形，有炎性渗出物或干酪样坏死。侵害卵巢，可见卵巢出血，卵泡变形。

35. 怎样防治放养鸡霍乱？

预防本病，只要放养时采取全进全出制度，严格执行放养场地卫生防疫制度，预防本病的发生是完全有可能的。

发生本病，可以经过药敏试验，选出该菌敏感的药物进行全群投药，一般可以取得良好的治疗效果。使用微生态制剂，对预防本病有一定的积极作用，一般不采用疫苗免疫。如果鸡场本病流行严重，可以取自己鸡场的病料，进行细菌培养，制作出自家鸡场的灭活苗，对鸡群进行注射可以取得满意的预防效果。

36. 怎样诊治生态养鸡的球虫病？

生态养鸡球虫病是由于球虫寄生引起的以出血性肠炎为主要特征的鸡的寄生虫病，本病对放养土鸡危害很大，发病可引起30%～50%的死亡。本病主要是由于鸡食入了含有球虫孢子的卵囊而感染，仅通过消化道感染。病鸡和携虫鸡是本病的传染源，该虫可以通过污染的器具、饮水、饲料及饲养员等中间媒介进行传播。

（1）临床症状 感染本病最重要的特征是：病鸡排带血样粪便。寄生虫感染的症状表现为：初期精神委顿，采食减少，饮水增加，被毛蓬乱，间歇性下痢。后期逐渐消瘦，贫血，发育迟缓，成鸡产蛋下降。多数鸡于发病后6～10天死亡，3月龄内的鸡死亡率50%，3月龄以上的病鸡多数转为慢性型。

（2）病理变化 球虫主要侵害盲肠，剖检可见盲肠肿大，肠内充满暗红色血液，盲肠上皮变厚，严重的肠内有干酪样坏死物，肠膜糜烂。

（3）**诊治**　根据流行病学与临床症状可初步诊断，从粪便中检查出球虫卵可以确诊。可使用抗球虫药，如磺胺氯吡嗪钠、地克珠利等，但要注意两种不同的药物交叉使用。在土鸡的饲养过程中，可根据本场是否发生球虫病的实际情况，定期使用抗球虫药物。还可以使用促进肠道黏膜修复的药物，如维生素，也可以同时使用抗生素类药物消炎，防止继发感染。预防本病市场上有疫苗使用，但在未流行区不提倡使用。

37.如何诊治放养鸡蛔虫病?

鸡蛔虫病是由禽蛔属的鸡蛔虫寄生于鸡的小肠引起的一种寄生虫病。鸡蛔虫是鸡消化道中最大的一种线虫。雌虫较雄虫粗大，虫卵呈椭圆形，呈深灰色，壳厚而光滑。雌虫在小肠内产卵，卵随粪便排出体外，污染地面、饲料和饮水。健康鸡主要是吞食了被感染性虫卵污染的饲料和饮水而感染。本病的发生以秋季和初冬为多，春季和夏季则较少。由于放养土鸡直接接触地面，被感染的机会多，因此，要特别注意防控。

（1）**临床症状**　雏鸡表现生长发育缓慢，精神不佳，行动迟缓，双翅下垂，羽毛松乱，呆立不动，鸡冠、肉髯、眼结膜苍白、贫血；消化机能障碍，食欲减退，下痢和便秘交替，有时粪中带有血液，有时还可见随粪便排出的虫体，逐渐衰竭而死亡，成年鸡为轻度感染，不表现症状；感染强度较大时，表现为下痢，产蛋率下降和贫血等。

（2）**诊断**　根据流行病学、临床症状，一般很难做出诊断。为此，必须进行粪便检查和尸体剖检。粪便中发现大量蛔虫卵，只有在剖检发现大量虫体时，才能做出确切诊断。

（3）**防治**　预防本病须实施全进全出制度，鸡舍及运动场地面认真清理消毒，并定期铲除表土。由地面平养改为网上笼养，使鸡与粪便隔离，减少感染机会。料槽和水槽要定期消毒。及时清除粪便，堆积发酵，杀灭虫卵。做好鸡群的定期预防性驱虫，每批散养土鸡1～2次；发现病鸡，及时用药物治疗。

驱虫药物可用：丙硫咪唑（抗蠕敏），每千克体重15～20毫克，一次性内服；左旋咪唑，每千克体重20～30毫克，一次性内服。

38. 鸡卡氏住白细胞原虫病是怎样流行的?

鸡住白细胞原虫病是由住白细胞原虫属的原虫寄生于鸡的红细胞和单核细胞而引起的一种以贫血为特征的寄生虫病,俗称白冠病。主要由卡氏住白细胞原虫和沙氏住白细胞原虫引起。其中,卡氏住白细胞原虫危害最为严重。该病可引起雏鸡大批死亡,中鸡发育受阻,成鸡贫血。

土鸡放养时,因与蠓和蚋的活动密切相关,所以要特别注意防控。蠓和蚋分别是卡氏住白细胞原虫和沙氏住白细胞原虫的传播媒介,因而该病多发生于库蠓和蚋大量出现的温暖季节,有明显的季节性。一般气温在20℃以上时,蠓和蚋繁殖快,活动强,该病流行严重。我国南方地区多发于4—10月,北方地区多发生于7—9月。

39. 怎样诊断鸡卡氏住白细胞原虫病?

(1)临床症状

①雏鸡感染多呈急性经过,病鸡体温升高,精神沉郁,乏力,昏睡;食欲不振,甚至废绝;两肢轻瘫,行步困难,运动失调;口流黏液,排白绿色稀便。

② 12～14日龄的雏鸡因严重出血、咯血和呼吸困难而突然死亡,死亡率高。血液稀薄呈水样,不凝固。

③消瘦、贫血、鸡冠和肉髯苍白。鸡冠、肉髯上有小米粒大小梭状结节。

(2)病理变化

①咯血。皮下、肌肉,尤其胸肌和腿部肌肉有明显的点状或斑块状出血,各内脏器官也呈现广泛性出血。

②肝、脾明显肿大,质脆易碎,血液稀薄、色淡;严重的,肺脏两侧都充满血液;肾周围有大片血液,甚至在部分或整个肾脏被血凝块覆盖。

③肠系膜、心肌、胸肌或肝、脾、胰等器官,有住白细胞原虫裂殖体增殖形成的针尖大或粟粒大,与周围组织有明显界限的灰白色或红色小结节。

40. 怎样防治鸡卡氏住白细胞原虫病?

(1)消灭昆虫媒介,控制蠓和蚋 要抓好三点:一是要注意搞好鸡舍及周围环境卫生,清除鸡舍附近的杂草、水坑、畜禽粪便及污物,减少蠓、蚋滋生繁殖与藏匿;二是蠓和蚋繁殖季节,给鸡舍装配细眼纱窗,防止蠓、蚋进入；三是对放养场地环境，每隔 6～7 天，用 6%～7% 的马拉硫磷溶液或溴氰菊酯、戊酸氰醚酯等杀虫剂喷洒 1 次，以杀灭螨、蚋等昆虫，切断传播途径。但喷洒农药杀螨、蚋时，不要放养鸡只。

（2）尽早治疗 最好选用发病鸡场未使用过的药物，或同时使用两种有效药物，以避免有抗药性而影响治疗效果。可用磺胺间甲氧嘧啶钠按 50～100 毫克／千克饲料，并按说明用量配合维生素 K_3 混合饮水，连用 3～5 天，间隔 3 天，药量减半后再连用 5～10 天即可。

41.怎样防控放养鸡鸡螨?

鸡螨是由不同属的螨虫寄生于鸡的皮肤、羽管和气囊等部位引起的寄生虫病。鸡螨的病原体主要为突变膝螨、鸡皮刺螨、羽管螨、鸡新棒恙螨。

（1）临床表现和病理变化 鸡螨虫病的临床表现，因螨虫的种类不同其临床表现亦不相同。由突变膝螨引起的螨虫病，严重寄生时会影响鸡的运动、采食和产蛋。由鸡皮刺螨引起的螨虫病，则表现为鸡群不能正常休息，骚动不安，低声鸣叫，鸡体贫血，消瘦，不停地梳理羽毛，产蛋鸡的产蛋率下降，幼龄鸡生长发育迟缓，或可因失血过多而发生死亡；该螨虫还可传播禽霍乱和螺旋体病。由鸡新棒恙螨引起的螨虫病，由于幼螨的叮咬，鸡体患部隆起、奇痒，中间凹陷形成痘脐形病灶，病灶中央可见一小红点，用镊子夹取镜检，可见鸡新棒恙螨幼虫，大量寄生时，可见两翅内侧、胸肌两侧和腿的内侧皮肤上布满此种病灶；病鸡贫血消瘦，羽毛松乱，精神沉郁，食欲减退或停食，如不及时进行治疗，可发生死亡。由羽管螨引起的螨虫病，表现为背部、双翅、臀部及腹部等处的羽毛变脆、脱落，变得稀疏，剩下的羽管残干中含有粉末状的物质，镜检可发现大量的羽管螨。

（2）防控 平时对鸡舍和放养场地应每天清扫，清除积水，始终保持运动场清洁、干燥。在鸡舍和运动场、放养场应定期（每隔 6～7 天）用杀虫剂，如精制敌百虫、二嗪农、溴氰菊酯等喷洒，以杀灭各种螨。鸡皮刺螨和鸡新棒恙螨感染时，可用 0.25% 的敌敌畏溶液、溴氰菊酯等杀虫剂带鸡喷雾。施行喷雾必须彻底，对鸡体、垫料、鸡巢、墙壁、栖架等都要喷到，不留死角，尤其要注意鸡体皮肤必须喷湿，否则效果不理想。注意防止农药中毒。

突变膝螨感染时，应先将病鸡的趾浸入温肥皂水中，使痂皮软化后，除去痂皮，涂上 20% 的硫黄软膏或 2% 的苯酚软膏，间隔 2 天再涂 1 次。用伊维菌素注射液按 0.1 毫克／千克体重，进行颈部皮下注射，一次即可治愈各种螨虫引起的螨虫病，必要的情况下，7 天后可再注射 1 次。

42. 鸡羽虱如何防治?

羽虱主要寄生在鸡羽毛和皮肤上，是一种永久性寄生虫。已发现 40 多种羽虱。羽虱主要靠咬食羽毛、皮屑和吸食血液而生存，因此患鸡表现羽毛断落，皮肤损伤，发痒，消瘦贫血，生长发育受阻，产蛋鸡产蛋下降，并且对其他疾病的抵抗力降低。

（1）**症状** 普通大鸡虱主要寄生在鸡泄殖腔下部，严重感染时可蔓延到胸部、腹部和翅膀下面，除以羽毛的羽小枝为食外，还常损害表皮，吸食血液，因刺激皮肤而引起发痒；羽干虱一般寄生在羽干上，咬食羽毛，导致羽毛脱落，头虱主要寄生在鸡的头部，其口器常紧紧地附着在寄生部位的皮肤上，刺激皮肤发痒，造成鸡秃头。羽虱大量寄生时，患鸡奇痒，不安，影响采食和休息因啄痒而造成羽毛折断、脱落及皮肤损伤，鸡体消瘦，贫血，生长发育迟缓，产蛋鸡产蛋量下降，严重的引起死亡。

（2）**防治** ①鸡舍内卫生死角彻底打扫，清除陈旧干粪、垃圾杂物，能烧的烧掉，其余用杀虫药液充分喷淋，堆到远处。

②对螨虫栖息处，包括墙缝、栖架缝、产蛋窝（箱）等，用上述杀虫药液喷至湿透，间隔 1 周再喷一次，注意不要喷进料槽与水槽。

③病鸡内服药物治疗。伊维菌素 5 克 / 袋，每袋含有效药物 5 毫克。病鸡按 0.2 毫克 / 千克体重，混于补充饲料中内服，每隔 10 天后，按 0.2 毫克 / 千克体重，再投药 1 次，连用 3 次。

同时可外部用药，用 2.5% 高效氯氰菊酯乳油，以 60 毫克 / 千克浓度喷鸡舍、鸡体和地面及墙壁。用药量不能过大，以稍湿润为度，每周 1 次，连用 3 次。

43. 鸡异刺线虫的病原是什么?

该病的病原是鸡巨星刺线虫，为白色细线状，雌虫比雄虫长。虫卵为灰褐色的长椭圆形，卵壳有两层，壳厚且光滑，内含有单个胚细胞。虫卵随粪便排出体外，在适宜的环境条件下经过 7 ～ 12 天的发育成为含有幼虫的具有感染性的虫卵。虫卵的抵抗力强，适宜的环境下可存活 9 个月，但是在阳光充足、干燥的环境下虫卵可快速死亡。虫卵被鸡蚕食后在小肠内孵化出幼虫，而后移至盲肠。另外，鸡通过吞食具有感染性的虫卵或者幼虫的蚯蚓也会感染异刺线虫。

44. 鸡异刺线虫病有什么症状?

雏鸡在感染该病后常表现为生长发育不良，精神萎靡，食欲不振，采食量下降，严重时甚至会发生食欲废绝，从而使雏鸡摄入的营养不足而使得病雏生长发育缓慢，体质逐渐的消瘦，如果症状较为严重时还会因机体过于衰弱而发生死亡。幼鸡在感染此病后会出现下痢和贫血的症状，鸡冠的颜色变为苍白色，体质明显的瘦弱，生长发育不良。成年鸡患此病后育肥鸡会出现增重缓慢，或者停止增重的现象，而产蛋鸡则会发生产蛋量急剧的下降，或者停止产蛋。

剖检，主要的病变位置发生在盲肠，可见一侧或者双侧的盲肠有充气样肿大，导致肠壁变薄，且呈透明状，肿大严重时甚至可以透过肠管壁清晰地看到寄生在该处的虫体不断地蠕动。有的病例的盲肠壁会出现炎症，肠壁增厚，间或有溃疡。有部分公鸡在患病后会在直肠处发现虫体，但是在其他位置，如嗉囊、腺胃、肌胃处都没有发现虫体。另外，病死鸡可见嗉囊萎缩，囊壁较薄，其中空虚无任何食物，肌胃内仅有几颗砂粒，其他脏器没有发生明显病变。

45. 鸡异刺线虫病怎么防治?

（1）防治　使用康苯咪唑 50 毫克 / 千克饲料拌入饲料中一次口服；或左旋咪唑 35 毫克 / 千克饲料拌入饲料中一次口服；或丙硫苯咪唑 40 毫克 / 千克饲料拌入饲料中一次口服；或用硫化二苯胺（酚噻嗪）中雏 0.3 ～ 0.5 克 / 只，成年鸡 0.5 ～ 1 克 / 只拌入饲料中口服。

（2）预防　保持鸡舍内外的清洁卫生，及时清扫粪便并进行堆积发酵。保持饲槽、饮水器的清洁，并定期消毒。雏鸡与成年鸡之间使用网架分开饲养，防止成年鸡带虫传播给雏鸡；加强饲养管理，饲料中应保持足够的维生素 A、B 族维生素和动物性蛋白；定期进行驱虫，幼鸡每 2 个月驱虫一次，成年鸡每年驱虫 2 ～ 4 次；提倡划区饲养，减少鸡的感染机会。

46. 鸡感染了绦虫怎么办?

鸡绦虫的成虫寄生于鸡的小肠内，成熟的孕卵节片自动脱落，随粪便排到外界，被适宜的中间宿主如甲虫、蚂蚁等吞食后，在其体内经 2 ～ 3 周时间发育为具感染能力的似囊尾蚴，鸡吃了这种带有似囊尾蚴的中间宿主而被感染，在鸡小肠内经 2～3 周时间即发育为成虫。成熟孕节经常不断地自动脱落并随粪便排到外界。本病多发生在中间宿主活跃的 4—9 月。各种年龄的鸡均可感染，但雏鸡的易感性更强，25～40 日龄的雏鸡发病率和死亡率最高，成年鸡多为带虫者。饲养管理条件差、营养不良的鸡群，本病易发生和流行。

患鸡消化不良，下痢，粪便稀薄或混有血样黏液，渴欲增加，精神沉郁，双翅下垂，羽毛逆立，消瘦，生长缓慢。严重者出现贫血，黏膜和冠髯苍白，最后衰弱死亡。产蛋鸡产蛋减少甚至停止。剖检病死鸡，肌肉苍白或黄疸；肝脏土黄色；小肠内黏液增多、恶臭，黏膜增厚，有出血点，部分鸡肠道内有绦虫节片，个别部位绦虫堆聚成团，堵住肠管，直肠有血便。棘盘赖利绦虫感染时，肠壁上可见中央凹陷的结节，结节内含黄褐色干酪样物。

（1）诊断　结合临床症状和病理变化，如能在粪便中可找到白色米粒样的孕卵节片，在夏季气温高时，可见节片向粪便周围蠕动，取此类孕节镜检，可发现大量虫卵。对部分重病鸡可作剖检诊断。

（2）防治　①预防。改善环境卫生，及时清除粪便，集中发酵以杀死虫卵；鸡舍及周围要经常打扫，消灭甲虫、苍蝇、蜗牛等中间宿主，并防止滋生。本病流行的鸡场每年进行 2～3 次定期驱虫。

②治疗。丙硫咪唑，每千克体重 20～30 毫克，一次内服；硫双二氯酚，每千克体重 150～200 毫克，内服，间隔 4 天同剂量再服一次；氯硝柳胺（灭绦灵），每千克体重 100～150 毫克，一次内服，间隔 5 天，再投药一次；南瓜子，按 5～15 克/只用量，将南瓜子磨成细粉，加 8 倍量的水煮沸 1 小时，除去表层油脂后与等量饲料混合饲喂；槟榔，按 1～1.5 克/千克，将槟榔片加 5 倍水煎汁，早晨空腹时一次投服。治疗绦虫的同时，应该增加饲料中维生素 A 和维生素 K 的含量，适量加入抗菌药物等防止肠道梭菌混合感染，同时应加强饲养管理，增加饲料的营养。

47. 如何防治鸡的组织滴虫病?

鸡组织滴虫病是生态养鸡中经常出现的一种疾病，该疾病是因为鸡误食了还有一些线虫虫卵的蚯蚓导致，患病之后症状比较明显，会导致肝脏出血，或者坏死，影响鸡养殖业的健康发展，给养殖户造成的损失比较大。为此，应该重视对鸡组织滴虫病的防治工作，减少该疾病所造成的影响。

（1）诊断　生态养鸡过程中，如果不重视卫生管理，特别是鸡舍卫生条件差，鸡群密度比较小，尤其是圈舍有大量的粪便和污染物没有及时清理，林下光照条件差。病鸡精神不振，羽毛蓬松，喜欢睡觉，同时翅膀下垂，其次，有些患病鸡的头部和鸡冠部位出现明显的病变症状。再次，患病鸡下痢，排出黄色或者金黄色的粪便，并且伴有恶臭气味，有些粪便中还有血块组织。如果长期得不到治疗的话，患病鸡逐渐消瘦，最后衰竭死亡。

　　对病死鸡进行解剖可以发现一系列明显的症状，肝脏部位肿大，同时肝脏部位有不规则的坏死灶，呈现白色或者黄色，尤其是肝脏部位的坏死灶和其他部位有明显的区别。另外，肾病鸡的盲肠部位发生改变，盲肠一侧或者两侧肿大，并且坚实，触碰比较硬，伴有出血炎症。此外，肠腔内有大量的血液。

　　将病死鸡带回实验室剖检之后可以发现鸡只的肝脏部位和盲肠部位出现明显的病变，选择肝组织和盲肠表面的黏液和粪便，加入35℃左右的生理盐水中稀释，然后选择少量的稀释液放在载玻片上，在显微镜下观察可发现有鞭毛的虫体，并且有规律的摆动。

　　（2）防治　①预防。加强日常的饲养管理，保证环境干净卫生。为此，应保证鸡舍的干净卫生，同时通风采光条件好，及时清理舍内的粪便，保证栖息环境干净卫生；同时还应该对粪便进行堆积发酵处理，能够消灭粪便中的虫卵，减少对周围生态环境的影响；在生态养殖模式中，场所中的杂物和腐殖树叶比较多，为了减少病虫的出现，需要定期地清理林下杂叶；异刺线虫是组织滴虫病的主要传播媒介，应该控制异刺线虫；定期使用阿苯达唑伊维菌素预混剂，目的是清除鸡只盲肠中的异刺线虫；对生态放养周边的环境也应该进行彻底的消毒处理，可以选择生石灰来消毒地面，能够杀灭蚯蚓。

　　②治疗。及时有效的治疗措施能够减少疾病的传播和蔓延，每100只患病雏鸡可用白头翁20克、苦参12克、秦皮10克、黄连10克、白芍15克、乌梅20克、双花12克、甘草15克、郁金15克，共同煮水后加红糖诱饮，中、大鸡可酌情加量，连用3～5天。

48. 怎样防控放养鸡有机磷农药中毒？

　　有机磷农药是使用最广泛的高效杀虫剂，常用的有敌敌畏、敌百虫等，这类农药对鸡有很强的毒害作用，稍有不慎即可引起放养鸡发生中毒。此外，残留于农作物、牧草上的少量有机磷对鸡也有毒害作用。

　　（1）发病原因　由于对农药管理或使用不当，致使中毒。如用有机磷农药在鸡舍杀灭蚊、蝇、害虫或投放毒鼠药饵，被鸡食入或吸入；饮水或饲料被农药污染；防治鸡寄生虫时药物使用不当；其他意外事故等。

（2）**临床症状**　最急性中毒往往不见任何症状而突然发病死亡。急性病例可见不食、流涎、流泪、瞳孔缩小、肌肉震颤、无力、共济失调、呼吸困难、鸡冠与肉垂发绀，腹泻；后期病鸡出现昏迷，体温下降，常卧地不起，衰竭而死。

（3）**病理变化**　由消化道食入者常呈急性经过，消化道内容物有一种特殊的蒜臭味，胃肠黏膜充血、肿胀、易脱落。肺充血、水肿，肝、脾脏肿大，肾脏肿胀，被膜易剥离。心脏点状出血，皮下、肌肉有出血点，病程长者有坏死性肠炎。

（4）**诊断**　根据病史，有与农药接触或误食被农药污染的饲料等情况。发病鸡口流涎量多而且症状明显，瞳孔明显缩小，肌肉震颤痉挛等。

（5）**治疗**　发现中毒病例，消除病因，采取对症疗法。

①灌服白糖水。取白糖先用少量热开水搅拌溶化，再加开水配成20%的白糖溶液。对中毒轻的鸡每只灌服50毫升，雏鸡用量酌减，每隔1小时灌服1次，一般灌服2～3次。将病鸡单独关养，并配以清洁饮水，辅喂软饲料、青菜叶，治愈率可达90%。

②灌服油菜籽水。取油菜籽少许，加水适量，放入锅内煎煮，用纱布过滤取液。中毒严重的鸡每只灌服2～3汤匙，中毒较轻的鸡每只灌服1汤匙即可。

③灌服麻油。将有机磷农药中毒的鸡每只灌服麻油3～5毫升，20～30分钟即可见效。

④灌服甘草汁。甘草加水150克煎汁，与滑石粉10克混匀，供20只鸡灌服，解毒效果明显。

⑤切嗉囊冲洗。重度中毒鸡，可将嗉囊外部鸡毛拔掉消毒，用刀片把皮肤切开，露出嗉囊，切开皮肤后再把嗉囊切开（长度视内容物多少而定），把内容物取出，用0.1%的高锰酸钾溶液或食盐凉开水把嗉囊冲洗干净，填入少量易消化的饲料，然后用消过毒的针线分别把嗉囊和皮肤缝合，在缝合处撒上消炎粉。手术后12小时内禁喂饲料和饮水，1～2天内喂容易消化的饲料，并控制喂量，5～7天即可痊愈。

49. 如何防控放养鸡食盐中毒?

放养鸡食盐中毒后症状不一,主要还是与中毒轻重有关,一些病情较轻的调整下日粮,加强饲养管理,就会逐渐康复;而一些中毒较重的情况下,就需要紧急救治。无论病情轻重如何,遇到土鸡食盐中毒,一定要及时停止含盐食物,供给足量饮水,尽快对症治疗。

土鸡食盐中毒的临床症状因摄取食盐量的多少和持续时间的长短而不同。症状轻微的,饮水增加,粪便稀薄或混有稀水;严重者,病雏羽毛松乱无光、高度兴奋不安、鸣叫、争相饮水,食欲不振或废绝,嗉囊软胀、口角有黏性分泌物流出,两腿软弱无力或前后平伸、倒退运动,后退几步即瘫于地上或向一侧运动或呆立一旁。有的病雏表现精神沉郁、弓背缩颈、垂头闭眼,后期水样腹泻。死前阵发性痉挛、两翅伸展、喙着地,虚脱而死。

剖检死鸡皮下水肿或有淡黄色胶样物浸润;胸、腿部肌肉弥漫性出血;腹腔内大量积水,呈淡黄色,并混有灰白色纤维蛋白渗出物;嗉囊积有大量黏液,腺胃黏膜充血,有的形成假膜;小肠发生急性卡他性肠炎或出血性肠炎;肝色淡肿大、边缘钝圆质脆,肝被膜附有凝血块,多数病例呈现肝实质萎缩,表面不平变硬,偶见肝面呈裂纹状,胆囊皱缩;心外膜毛细血管扩张或出血,心包有积液;肺水肿,色淡灰红;脑膜及大脑皮层充血或水肿。

发现土鸡食盐中毒,要立即停喂含盐过多的饲料,轻度与中度中毒的,供给充足的新鲜水,症状可逐渐好转,严重中毒的要适当控制饮水,饮水太多促进食盐吸收扩散,使症状加剧,死亡增多,可每隔1小时让其饮水20分钟左右,以防止食盐过快吸收扩散。

供给病鸡5%的葡萄糖或红糖水以利尿解毒,病情严重者另加0.3%～0.5%醋酸钾溶液逐只灌服,中毒早期服用植物油缓泻可减轻症状。

平时要严格控制饲料中食盐的含量,尤其对幼鸡。一方面严格检测饲料原料中的盐分含量;另一方面配料时加食盐也要求粉细,混合要均匀。平时要保证充足的新鲜洁净饮用水。

50. 怎么防控放养鸡霉菌毒素中毒?

放养鸡长期采食霉变的饲料、树叶,其体内的霉菌毒素会不断积累,当积累到一定量后就会出现霉菌毒素中毒。同时,该疾病的隐蔽性相对比较强,前期可能未能及时发现,一旦发现后,后果比较严重。

（1）**中毒症状** 不同日龄的鸡出现霉菌毒素中毒症状后，所表现出的中毒程度存在一定的差异。一般情况下，日龄越小的鸡，其中毒症状更为严重，日龄越大，其免疫力更强，但是同样会受中毒症的影响，出现一系列的继发感染。食用受污染的饲料后，具体的中毒症状表现为：精神萎靡不振，食欲下降甚至废绝，但是饮欲明显增加，体重锐减。若是鸡的食道感染了霉菌毒素，一般会出现吞咽困难的情况，张嘴呼吸。部分中毒鸡会表现频频甩头、摇头的情况，打喷嚏。中毒鸡还会出现消化不良的情况，出现严重的腹泻症状，粪便颜色为白色或墨绿色，且可能含有未被完全消化的饲料。羽毛干燥、杂乱，双翅下垂。随着病情的进展，后期中毒鸡的身体日渐消瘦，粪便中有脱落的肠黏膜，还会出现瘫痪的情况，若是病情较为严重还会出现死亡的病例。

（2）**诊断方法** ①流行病学诊断。根据上述临床症状，怀疑霉菌毒素中毒时即开始流行病学调查，了解其免疫状况，周边疫情情况，饲养管理情况，鸡调入调出情况，重点检查饲料仓库、饲料（槽）盘及放养场，是否存在霉变现象，若有即可初步诊断。

②病理学诊断。结合放养鸡霉菌毒素中毒后的症状能够对疾病进行初步诊断，若要进一步确诊，可结合具体的病理诊断以及实验室诊断等方式进行确诊。首先，通过病死鸡剖检，能够发现其肌肉颜色为淡红色，若继发大肠杆菌、沙门氏杆菌、球虫等疫病感染，消化系统病变明显，盲肠扁桃体有球虫存在。症状更为严重的病例其胸部皮下有浆液性渗出，大腿以及胸部肌肉等部位能够发现颜色为红色或是紫红色的出血斑，肝脏边缘变薄，部分病例其肝脏表面有霉菌结节存在，肾脏肿大、发红。同时患病鸡存在气囊炎症状，气囊厚度显著增加，表面有霉菌结节存在。其次，中毒鸡还有纤维素性和出血性肺炎。胸腺缩小，症状严重的病鸡其胸腺可能消失。

③实验室诊断。无菌环境下，可以取病死鸡的肝脏、肺脏等病变组织制成涂片，在实验室进行细菌学检查，运用革兰氏染色、镜检等方式，可能难以发现致病菌。这时候可进行细菌分离培养，同样在无菌环境下，将上述病料分别置于普通琼脂培养基、鲜血琼脂培养基上接种，37℃环境下，培养48小时，培养基上没有长出细菌；另外可以直接进行饲料检查。取中毒鸡食用的饲料，在黑暗环境下运用紫外线灯进行照射，能发现典型的荧光反应，继而能够确诊饲料中存在霉菌毒素。

（3）**霉菌毒素中毒的治疗** 鸡霉菌毒素中毒主要是由于鸡采食了存在霉

菌毒素的饲料所导致的，因此一旦发现鸡中毒后，要立刻停止继续饲喂存在霉变的饲料，之后要及时给中毒鸡食用维生素C和维生素E，抑制毒素可能对鸡身体所造成的伤害。可在中毒鸡饮水中加入5%葡萄糖，用于促进中毒鸡免疫力提高。维生素C、维生素E、葡萄糖溶液服用的时间要持续1周，并且注意不要使用磺胺类药物。具体可选择链霉素、青霉素等药物。对于中毒雏鸡，一定要及时服用5%葡萄糖溶液。对于中毒症的治疗，一定要及时避免继续摄入致病原，关注机体解毒能力的提高，同时注意保肝护肾，避免存在继发感染的情况。对于患病鸡要及时进行隔离饲养，更换饲料和饮食饮水器具，并对原先的饮水饮食器具以及被饲料污染的环境进行彻底的消毒。运用上述方式进行治疗，连续服用1周时间，对于中毒症状能够有明显的缓解。

（4）防控 ①创设良好的放养环境。高温和高湿环境中，发霉变质的草叶、树叶，也容易在鸡日常采食过程中吃进去，日积月累，就容易导致霉菌毒素感染。因此，放养场地尽量选在阳坡，场地内保持干燥，避免鸡长期趴卧在阴暗潮湿、发霉变质的烂草堆中。做好放养环境的清洁、消毒工作，避免环境中滋生霉菌。

②合理使用脱霉剂。饲料生产时，科学使用适量脱霉剂能有效控制霉菌毒素的产生，避免放养鸡出现中毒的情况。现阶段可供选择的脱霉剂种类比较多，像黏土吸附类、酵母细胞壁类、中草药等。但在实际运用中要注意，脱霉剂所能对霉菌产生的作用仅仅是抑制，难以有效将其彻底消灭，同时种类不同，其防霉效果存在一定差异，所以需要结合实际，对脱霉剂进行有效选择，具体参考饲料的污染和霉变程度、贮存时间等去选择和确定用量。

③加强饲料管理。强化饲料管理，避免"毒从口入"。购买饲料时，要做好把关，避免购入发霉变质的饲料。注意不要选择含水量过大的饲料。养殖场内可设置防潮设备，并保证存放饲料的区域干燥、通风，并且温度适宜，环境干净，不要将饲料直接放置在地面，同潮湿的地面进行接触，以免在储放时产生变质的情况。需要注意不要一次性购入过多的饲料，避免由于饲料长时间堆积而出现霉变的情况。进行饲料加工和运输时，应该为其提供一个良好的储存环境，定期做好环境的消毒工作，避免饲料受到污染。同时做好防虫防鼠工作。避免饲料受雨淋或是空气中湿度大而导致受潮。

日常饲喂工作进行时，要结合鸡的日龄以及身体状况，科学调整饲喂量，少喂勤添，并且在饲喂前要清理干净料槽中剩余的残料，以免长期堆积产生霉变的情况。对于已经受到霉菌毒素污染的圈舍、仓库等，需在清理干净所有霉变饲料后，及时做好消毒工作，避免霉菌毒素持续扩散造成更大的不利影响。

51.怎么防控放养鸡啄癖?

鸡啄癖也称异食癖、恶食癖、互啄癖，是多种营养物质缺乏及其代谢障碍所致非常复杂的味觉异常综合征，各日龄、各品种鸡群均发生，但以雏鸡时期为最多，轻者啄伤翅膀、尾基，造成流血伤残，影响生长发育和外观；重者啄穿腹腔，拉出内脏，有的半截身被吃光而致死，对养禽业造成很大的经济损失。

（1）啄癖的种类 ①啄羽癖。雏鸡、蛋鸡换羽期容易发生。多与含硫氨基酸、硫和 B 族维生素缺乏有关。

②啄肉癖。各种年龄的鸡均可发生。互啄羽毛或啄脱落的羽毛，啄的皮肉暴露出血后，发展为啄肉癖。

③啄肛癖。各种年龄的鸡均可发生。多见于开产鸡群，由于过大的蛋排出时努责时间长造成脱肛或撕裂，高产母鸡发病较多。由于肛门带有腥臭粪便，发生腹泻的雏鸡也常见。

④啄蛋癖。产蛋旺季种鸡易发生。多因饲料缺钙或蛋白质含量不足，常伴有薄壳蛋或软壳蛋。

⑤啄趾癖。幼鸡易发生。多见于脚部被外寄生虫侵袭而发生病变的鸡等。

⑥异食癖。各种营养不良的鸡易发生。

（2）啄癖的原因 ①品种方面。品种不同啄癖发生率有差异，如土种鸡性情好动，易发生啄斗行为，有资料显示，啄癖的遗传力达 0.57%，表明通过育种可减少啄癖的发生。内分泌影响啄癖发生，母鸡比公鸡发生率高，开产后 1 周内为多发期，早熟母鸡，比较神经质，易产生啄癖。施用少量睾酮，可减少啄癖发生。

②营养方面。日粮中蛋白质含量偏低，赖氨酸、蛋氨酸、亮氨酸和色氨酸、胱氨酸中的一种或几种含量不足或过高，造成日粮中的氨基酸不平衡，粗纤维含量过低，均可导致啄癖发生。

当日粮中缺乏维生素 B_2、维生素 B_3 时，可造成机体内氧化还原酶的缺乏，肝内合成尿酸的氧化酶的活性下降，因而摄取氨基酸合成蛋白质的机能下降，机体得不到所需的氨基酸和蛋白质。如色氨酸缺乏时，可使鸡体神经紊乱，产生幻觉，信息传递发生障碍，识别力较差，从而易产生啄癖。放养鸡长期采食野草、树叶，如有啄癖，多数不是因为缺乏维生素导致的。

矿物质和微量元素的缺乏。日粮中缺乏钙、磷或比例失调；锌、硒、锰、铜、碘等微量元素缺乏或比例不当；硫含量缺乏；食盐不足，均可导致啄趾、啄肛、啄羽等恶癖。

鸡对粗纤维的消化能力很差，尤其是雏鸡，粗纤维过多会导致消化不良，严重时阻塞消化道。但粗纤维缺乏时，肠蠕动不充分，易引起啄羽、啄肛等恶习。通常日粮中粗纤维含量以 2.5% ～ 5.0% 为宜；同时日粮应补砂砾，以帮助磨碎饲料，促进消化，2 周龄内用 2 毫米砂砾，以后改用 3 ～ 5 毫米，每周 2 次，每次每百只喂 500 克，砂砾应清洁卫生。放养鸡每天都能接触到砂砾，因此，放养鸡的啄癖一般也不是因此原因导致的。

日粮供应不足。由于日粮供应不足，使鸡处于饥饿状态，为觅食而发生啄食癖。喂料时间间隔太长，鸡感到饥饿，易发生啄羽癖。

饲料霉变。因采食霉变饲料引起鸡的皮炎及瘫痪引起啄癖。

③饲养管理方面。环境因素，如通风不良，有害气体浓度高，光线太强或光线不适，温度和湿度不适宜，密度太大和互相拥挤等条件都可引起啄癖。

光线过强易产生啄癖。产蛋初期，强烈光照可使肛门紧缩导致微血管破裂出血，引起啄肛；采用自然光照的高密度鸡群，中午啄癖较多。光照强度以鸡能看到饲料和水即可，过暗看不清饲料和水，影响生长发育和生产性能。夏天，林下放养的鸡群会自行在树荫下活动和休息；对放养在草坡、滩涂上的鸡群，应在放养场地内搭建一些遮阳棚，避免鸡群直接在阳光下暴晒；夜间入舍后，对 1 ～ 2 周、生长期和产蛋期的强度各为 23 勒克斯、6 勒克斯、6 ～ 12 勒克斯为宜。光色也影响啄癖的发生，这是因为鸡的眼睛对光色的吸收强度和不同光波的反应不同，鸡的行为表现也有差异。在灯光过亮或黄光、青光下，最易引起啄羽、啄肛和斗殴；灯光较暗或绿光、红光下，鸡群较安定。因此，夏季最好将鸡舍玻璃涂成红色，以减少啄癖的发生。

放养密度过大易产生啄癖。一方面指每只鸡占有的食槽位置大小，另一方面指每平方米所容纳的鸡数。前者影响采食，后者影响空气污染程度。密度过大易导致空气污浊，引起啄羽、啄肛、啄趾等，鸡群生长发育不整齐。采食和饮水位置不足和随意改变饲喂次数、推迟饲喂时间，也会导致啄斗。

鸡舍内温湿度不适宜、通风不畅易引起啄癖，故保持适宜的温度、湿度和通风很关键。育雏期温度保持在 34 ～ 35℃，以后每周降低 2 ～ 3℃；相对湿度保持在 60% ～ 70%。产蛋鸡的适宜温度为 13 ～ 23℃；相对湿度保持在 55% ～ 65%；舍内定时通风换气，保持空气清新，避免有害气体积聚。

放养鸡感染了外寄生虫，如脚突变膝螨、膝螨、鸡羽虱等，可使鸡体自身啄食自体脚上皮肤鳞片和痂皮，发生自啄出血而引起互啄。

此外，球虫病、大肠杆菌病、白痢、消化不良等病症可引起啄羽、啄肛。患有慢性肠炎而造成营养吸收差会引起互啄。

（3）防治　①合理搭配日粮。因营养性因素诱发的啄癖，可暂时调整补充日粮组合，如育成鸡可适当降低能量饲料，而提高蛋白质含量，增加点粗纤维。如在饲料中增加蛋氨酸含量，也可使饲料中食盐含量增加到 0.5% ～ 0.7%，连续饲喂 3 ～ 5 天，但要保证给予充足的饮水。

若缺乏微量元素铜、铁、锌、锰、硒等，可用相应的硫酸铜、硫酸亚铁、硫酸锌、硫酸锰、亚硒酸钠等补充；常量元素钙、磷不足或不平衡时，可用骨粉、磷酸氢钙、贝壳或石粉进行补充和平衡。

缺乏盐时，可在饲料中加入适量的氯化钠。如果啄癖发生，则可用 1% 的氯化钠饮水 2 ～ 3 天，饲料中氯化钠用量达 3% 左右，而后迅速降为 0.5% 左右以治疗缺盐引起的恶癖。如日粮中鱼粉用量较高，可适当减少食盐用量。

缺乏硫时，可连续 3 天内在饲料中加入 1% Na_2SO_4 予以治疗，见效后改为 0.1 % 常规用量。而在蛋鸡日粮中加入 0.4% ～ 0.6% Na_2SO_4 就对治疗和预防啄癖有效。

定时补充饲喂日粮，最好用颗粒料代替粉状料，以免造成浪费，且能有效防止因饥饿引起的啄癖。

定时驱虫，包括内外寄生虫的驱除，以免发生啄癖后难以治疗。

如果发生啄癖时，立即将被啄的鸡隔开饲养，伤口上涂抹一层机油、煤油等具有难闻气味的物质，防止此鸡再被啄，也防止该鸡群发生互啄。

改善饲养管理环境。使鸡舍通风良好；饲养密度适中；天气热时可在遮阳棚上喷水降温；鸡舍内光线不能太强，最好将门窗玻璃和灯泡上涂上红色、蓝色或蓝绿色，等等。这些都可有效防止啄癖的发生。

在饲料中加入 1.5% ～ 2.0% 石膏粉，治疗原因不清的啄羽症。

为改变已形成的恶癖，可在笼内临时放入有颜色的乒乓球或在舍内系上芭蕉叶等物质，使鸡啄之无味或让其分散注意力，从而使鸡逐渐改变已形成的恶癖。

52. 怎么防控放养鸡脱肛?

鸡脱肛是指输卵管或泄殖腔翻出肛门外的一种疾病,一般多发生于放养鸡产蛋高峰期的高产鸡,发病率为 2% ～ 8%。鸡脱肛是一个复杂而难以解决的问题,是严重危害放养鸡效益的疾病之一。因此,全面了解脱肛原因及采取相应的有效预防措施,这是确保鸡只健康,提高放养鸡经济效益的可靠保证。

(1)**发病原因** 本病常见的原因有以下几种。

①高产母鸡因营养水平高,产蛋过多,输卵管内油脂分泌不足,产大蛋和双黄蛋,造成产蛋难,努责增强,时间一久导致脱肛。

②鸡体过肥,耻骨间或下腹部脂肪沉积过多,引起产道狭窄,母鸡产蛋时强烈努责,引起脱肛。

③鸡后躯风湿、腹腔肿瘤等引起腹内压升高,引发脱肛。

④饲料中维生素 A、维生素 B_2、维生素 D_3 等缺乏时,使泄殖腔黏膜角质化和弹性降低,造成产道不通畅,产蛋时用力努责,诱发脱肛。

⑤母鸡产蛋后在泄殖腔尚未复原时,突然受到惊吓,跳出产箱,影响了泄殖腔的收缩和复原,诱发本病。

⑥由大肠杆菌、沙门氏菌或其他因素等引起输卵管炎和泄殖腔炎,形成慢性刺激,造成异常努责,造成脱肛。

(2)**临床症状** 发病初期,病鸡产蛋停止,肛门周围羽毛湿润,有时流出黄白色黏液,随后即从肛门内脱出 3 ～ 4 厘米长的一段充血发红的泄殖腔,病鸡疼痛不安,时间稍久后,脱出部分的颜色由枣红色变为暗红色。病鸡神态不安,食欲减少,若不及时处理,很容易引起炎性水肿,溃疡坏死,往往因被鸡群啄食或因感染而导致败血症,最后死亡。

(3)**防治措施** ①预防措施。为了防止本病的发生,应加强对放养鸡的饲养管理,合理搭配补充饲料,保证各种维生素的供应,要严格控制夜间舍内光照时间和强度,避免光刺激过强而引发本病;同时,放养场内防止进入猫头鹰、黄鼠狼、野狗、野猫、老鼠等,防止鸡群受到惊吓。对开产母鸡注意控制体重,防止过肥。

②治疗。发现病鸡后要及早隔离,单独饲喂。治疗时先将病鸡泄殖腔周围羽毛剪去,用 0.1% 高锰酸钾清洗消毒外翻的泄殖腔,再用手将脱出部分轻轻送入体内,使泄殖腔还原复位。若外翻的泄殖腔已发炎坏死,应将坏死

部分清除，涂上紫药水，再轻轻送入体内。对于病情较重的鸡，为防止再次脱出，应在整复后进行局麻，沿肛门括约肌周围做烟包缝合。缝合前，泄殖腔如有待产蛋应取出，缝合后流孔排粪。将病鸡放于阴暗处休息，只给饮水，1～2天内不给饲料，3～5天后拆线。

第十章　常用生物制品和兽药的正确使用

1. 如何正确使用禽流感灭活疫苗（H9 亚型）？

【主要成分】疫苗中含有灭活的 A 型禽流感病毒 H9 亚型毒株。

【性状】乳白色乳剂。

【作用与用途】用于预防 H9 亚型禽流感病毒引起的禽流感。

【用法与用量】2 周龄以内雏鸡，颈部皮下注射 0.2 毫升，免疫期为 60 日。2 周龄～2 月龄鸡，颈部皮下注射 0.3 毫升；2 月龄以上鸡，颈部皮下或肌内注射 0.5 毫升；母鸡在开产前 2～3 周注射 0.5 毫升。免疫期可达 5 个月。

【注意事项】

（1）本品在使用前应仔细检查，如发现疫苗瓶破裂、没有瓶签、疫苗中混有杂质、疫苗油相和水相严重分层等情况，都不能使用。

（2）本品在保存期间应尽量避免摇动。

（3）注射本品用的针头、注射器等用具，用前需经高压或煮沸消毒。

（4）切忌冻结，冻结的疫苗严禁使用。

（5）禽流感病毒感染鸡或健康状况异常的鸡，切忌使用本品。

（6）使用前，应将疫苗恢复至室温，并充分摇匀。

（7）疫苗启封后，限当日用完。

（8）用过的疫苗瓶、器具和未用完的疫苗等应进行无害化处理。

【贮藏与有效期】2～8℃保存，有效期为 12 个月。

2. 如何正确使用重组禽流感病毒（H5 亚型）二价灭活疫苗（H5N6 H5–Re13 株 +H5N8 H5–Re14 株）？

【主要成分与含量】疫苗中含灭活的重组禽流感病毒 H5N6 亚型 H5–Re13 株和 H5N8 亚型 H5–Re14 株，灭活前 HA 效价均为 1:256。

【性状】乳白色均匀乳剂。

【作用与用途】用于预防由 H5 亚型 2.3.4.4h 分支和 2.3.4.4b 分支禽流感病毒引起的禽流感。接种后 14 日产生免疫力，鸡免疫期为 6 个月；鸭、鹅首免后 3 周，加强接种 1 次，免疫期为 4 个月。

【用法与用量】胸部肌内或颈部皮下注射。2 ～ 5 周龄鸡，每只 0.3 毫升；5 周龄以上鸡，每只 0.5 毫升。2 ～ 5 周龄鸭和鹅，每只 0.5 毫升；5 周龄以上鸭和鹅，每只 1.0 毫升。

【不良反应】一般无可见的不良反应。

【注意事项】

（1）禽流感病毒感染禽或健康状况异常的禽切忌使用本品。

（2）本品严禁冻结。

（3）本品若出现破损、异物或破乳分层等异常现象，切勿使用。

（4）使用前应将疫苗恢复至常温，并充分摇匀。

（5）接种时应使用灭菌器械，及时更换针头，最好 1 只禽 1 个针头。

（6）疫苗启封后，限当日用完。

（7）屠宰前 28 日内禁止使用。

（8）用过的疫苗瓶、器具和未用完的疫苗等应进行无害化处理。

【贮藏与有效期】2 ～ 8℃保存，有效期为 12 个月。

3. 如何使用鸡马立克氏病活疫苗（CVI 988/Rispens 株）？

【主要成分与含量】本品含鸡马立克氏病病毒血清 I 型 CVI 988/Rispens 株。每羽份病毒含量不低于 3000PFU。

【性状】均匀混悬液。

【作用与用途】用于预防鸡马立克氏病。接种后 7 日产生免疫力。

【用法与用量】颈背皮下注射。按瓶签注明羽份，加 SPG 稀释，每羽 0.2 毫升（至少含 3000PFU）。

【注意事项】

（1）应采取有效措施防止在孵化室和育雏室内发生早期强毒感染。

（2）在运输或保存过程中，如果液氮容器中液氮意外蒸发完，则疫苗失效，应予以废弃。疫苗生产厂家及经销和使用单位应指定专人进行检查补充液氮，以防意外事故发生。

（3）在收到长途运输之后的液氮罐时，应立即检查罐内的疫苗是否在液氮面之下，露出液氮面的疫苗应废弃。

（4）从液氮罐中取出本品时应戴手套，以防冻伤。取出的疫苗应立即放入37℃温水中速融（不超过1分钟）。用注射器从安瓿中吸出疫苗时，应使用12号或16号针头。所用注射器应无菌。

（5）本品是细胞结合疫苗，速融后的疫苗为均匀混浊的淡粉色细胞悬液，如有少量细胞沉淀亦属正常，可轻摇安瓿使沉淀悬浮。掰断安瓿瓶颈之前，轻弹顶部的疫苗，避免疫苗滞留在顶端。

（6）吸取前，应先将稀释液瓶内塞或内盖用75%酒精消毒。重复抽取少量的稀释液到针筒中，用以洗涤安瓿，操作必须是缓慢温和的，以免内含疫苗病毒的细胞遭到破坏。

（7）现配现用，限1小时内用完。注射过程中应经常轻摇稀释的疫苗（避免产生泡沫），使细胞悬浮均匀。并保持稀释后疫苗的温度维持在23～27℃。

（8）严禁稀释液冻结和曝晒，与疫苗混合前，稀释液温度应达到23～27℃。

（9）稀释时，严禁在稀释液中加入抗生素、维生素、其他疫苗或药物。

（10）在注射过程中，严防注射器的连接管内有气泡或断液现象。保证每只雏鸡的接种量准确。

（11）接种后48小时之内不得在同一部位注射抗生素或其他药物（如恩诺沙星等）。

（12）用过的疫苗瓶、器具和未用完的疫苗等应进行无害化处理。

【贮藏与有效期】液氮保存，有效期为24个月。

4.鸡传染性喉气管炎重组鸡痘病毒基因工程疫苗怎么用？

【主要成分与含量】疫苗中含表达传染性喉气管炎病毒gB基因重组鸡痘病毒，每羽份病毒含量≥104.0PFU。

【性状】淡黄色疏松团状，易与瓶壁脱离，加稀释液后迅速溶解成粉红色液体。

【作用与用途】用于预防鸡传染性喉气管炎和鸡痘。免疫期为5个月。

【用法与用量】按照瓶签所注明的羽份，用生理盐水稀释，于翅膀内侧无血管处皮下刺种21日龄以上雏鸡。接种后3～4日，刺种部位出现轻微红肿，偶有结痂，14日恢复正常。

【不良反应】一般无可见的不良反应。

【注意事项】

（1）本品仅用于接种健康鸡。体质瘦弱或接触过鸡痘病毒的鸡不能使用，否则影响免疫效果。

（2）使用前应仔细检查，如发现疫苗瓶破裂、无瓶签、苗中混有杂质等，均不能使用。

（3）稀释后的疫苗应放冷暗处，限4小时内用完。

（4）用过的疫苗瓶、接种器具等应作灭菌处理。

【贮藏与有效期】-15℃以下保存，有效期为18个月。

5. 如何使用鸡新城疫活疫苗（Clone30株）？

【主要成分与含量】本品含鸡新城疫病毒Clone30株。每羽份病毒含量不低于106.0EID50。

【性状】海绵状疏松团块，易与瓶壁脱离，加稀释液后迅速溶解。

【作用与用途】用于预防鸡新城疫。

【用法与用量】滴鼻、点眼、饮水或喷雾接种均可。按瓶签注明羽份，用生理盐水或适宜的稀释液稀释。滴鼻或点眼，每只0.05毫升；饮水或喷雾，剂量加倍。

【注意事项】

（1）有鸡支原体感染的鸡群，禁用喷雾接种。

（2）稀释后，应放冷暗处，限4小时内用完。

（3）饮水接种时，饮水中应不含氯等消毒剂，饮水要清洁，忌用金属容器。

（4）用过的疫苗瓶、器具和未用完的疫苗等应进行无害化处理。

【贮藏与有效期】-15℃以下保存，有效期为24个月。

6. 如何使用鸡新城疫活疫苗（CS2株）？

【主要成分与含量】每羽份疫苗中含有鸡新城疫病毒I系克隆株（CS2株）≥105.0ELD50。

【性状】微黄色海绵状疏松团块，易与瓶壁脱离，加稀释液后迅速溶解。

【作用与用途】用于预防鸡新城疫，专供已经鸡新城疫低毒力活疫苗接种过的鸡使用，免疫期为1年。

【用法与用量】按瓶签注明的羽份，用灭菌生理盐水或其他适宜的稀释液稀释，皮下或胸部肌内注射 1 毫升。

【不良反应】纯种鸡反应较强，产蛋鸡在接种后 2 周内产蛋可能减少或产软壳蛋。

【注意事项】

（1）本疫苗系用中等毒力株制成，专供已经鸡新城疫低毒力活疫苗接种过的 1 月龄以上的鸡使用，不得用于初生雏鸡。

（2）最好在产蛋前或休产期进行接种。

（3）在有成年鸡和雏鸡的饲养场，使用本疫苗时，应注意消毒隔离，避免苗毒的传播，引起雏鸡死亡。

（4）疫苗加水稀释后，应放冷暗处，必须在 4 小时内用完。

（5）用过的疫苗瓶、器具和未用完的疫苗等应进行无害化处理。

【贮藏与有效期】-15℃以下保存，有效期为 24 个月。

7. 如何使用鸡新城疫活疫苗（La Sota 株）?

【主要成分与含量】本品含鸡新城疫病毒 La Sota 株（CVCC AV1615）。每羽份病毒含量不低 106.0EID50。

【性状】海绵状疏松团块，易与瓶壁脱离，加稀释液后迅速溶解。

【作用与用途】用于预防鸡新城疫。

【用法与用量】滴鼻、点眼、饮水或喷雾接种均可。按瓶签注明羽份，用生理盐水或适宜的稀释液稀释。滴鼻或点眼，每只 0.05 毫升；饮水或喷雾，剂量加倍。

【注意事项】

（1）有鸡支原体感染的鸡群，禁用喷雾接种。

（2）稀释后，应放冷暗处，限 4 小时内用完。

（3）饮水接种时，饮水中应不含氯等消毒剂，饮水要清洁，忌用金属容器。

（4）用过的疫苗瓶、器具和未用完的疫苗等应进行无害化处理。

【贮藏与有效期】-15℃以下保存，有效期为 24 个月。

8. 鸡新城疫灭活疫苗应如何使用?

【主要成分】本品含灭活的鸡新城疫病毒 La Sota 株（CVCC AV1615）。

【性状】均匀乳剂。

【作用与用途】用于预防鸡新城疫。免疫期为 4 个月。

【用法与用量】颈部皮下注射。14 日龄以内雏鸡，每只 0.2 毫升，同时用 La Sota 株或Ⅱ系活疫苗按瓶签注明羽份稀释后进行滴鼻或点眼（也可用Ⅱ系活疫苗进行气雾接种）。肉鸡用上述方法接种 1 次即可。60 日龄以上的鸡，每只 0.5 毫升，免疫期可达 10 个月。用活疫苗接种过的母鸡，在开产前 14 ～ 21 日接种，每只 0.5 毫升，可保护整个产蛋期。

【注意事项】

（1）切忌冻结，冻结过的疫苗严禁使用。

（2）使用前，应将疫苗恢复至室温，并充分摇匀。

（3）接种时，应作局部消毒处理。

（4）用过的疫苗瓶、器具和未用完的疫苗等应进行无害化处理。

（5）用于肉鸡时，屠宰前 21 日内禁止使用；用于其他鸡时，屠宰前 42 日内禁止使用。

【贮藏与有效期】2 ～ 8℃保存，有效期为 12 个月。

9. 如何使用鸡传染性法氏囊病基因工程亚单位疫苗？

【主要成分与含量】含有大肠杆菌表达的鸡传染性法氏囊病病毒 VP2 抗原，表达产物中的 VP2 AGP 抗原效价 ≥ 1:16。

【性状】乳白色乳剂。

【作用与用途】用于预防鸡传染性法氏囊病。

【用法与用量】颈部皮下或肌内注射。雏鸡，1 ～ 3 周龄接种，每只 0.25 毫升，免疫期为 3 个月；种鸡，开产前 2 周接种，每只 0.5 毫升，免疫期为 6 个月。

【不良反应】一般无明显的不良反应。

【注意事项】

（1）仅用于接种健康鸡。

（2）疫苗开封后，应当日用完。

（3）用前应将疫苗升至室温，并充分摇匀。

（4）疫苗勿冻结。

（5）接种时，应执行常规无菌操作。

（6）剩余疫苗、疫苗瓶及注射器具等应无害化处理。

【贮藏与有效期】　2～8℃保存，有效期为 12 个月。

10. 如何正确使用鸡传染性法氏囊病精制蛋黄抗体?

【主要成分与含量】疫苗中含有抗鸡传染性法氏囊病病毒的蛋黄抗体，琼脂扩散抗体效价 ≥ 1:32。

【性状】略带棕色或淡黄色透明液体，久置瓶底有少许白色沉淀。pH 值应为 6.8～7.2。

【作用与用途】用于鸡传染性法氏囊病早、中期感染的紧急治疗和紧急预防。

【用法与用量】皮下、肌内、腹腔注射均可。

治疗用量：35 日龄以内 2 毫升，35 日龄以上 3 毫升。

紧急预防剂量：25 日龄以内 1 毫升，25～35 日龄 1.5 毫升，35～45 日龄 2 毫升，45 日龄以上 2.5～4 毫升。必要时可以重复注射 2～3 次。

【注意事项】

（1）本品每次注射的被动免疫保护期为 5～7 日。

（2）本品口服无效。

（3）本品可连续应用 2～3 次。

（4）本品可能含有除法氏囊病以外的多种病原的抗体，用后 5 日内不宜接种法氏囊病、鸡新城疫、鸡传染性支气管炎等活疫苗。

（5）本品可与卡那霉素、庆大霉素混合注射。

（6）本品久置后瓶底有微量絮状沉淀，对疗效无影响。

（7）应避光保存。

（8）用过的疫苗瓶、器具和未用完的疫苗等应进行无害化处理。

【贮藏与有效期】在 –20℃冻结保存和 2～8℃保存，有效期为 18 个月。

11. 重组新城疫病毒灭活疫苗（A–VII 株）怎么使用?

【主要成分】疫苗中含灭活的新城疫病毒 A–VII 株。灭活前病毒含量 ≥ 108.0EID50/0.1 毫升。

【性状】乳白色乳剂。

【作用与用途】用于预防鸡、鹅的新城疫。3 周龄以内的鸡免疫期为 4 个月；3 周龄以上的鸡免疫期为 6 个月。鹅免疫期为 3 个月。

【用法与用量】颈部皮下或肌内注射。3 周龄以内鸡，每只 0.2 毫升；3

周龄以上的鸡，每只 0.5 毫升。4 周龄以下鹅，每只 0.5 毫升；4 周龄以上鹅，每只 1.5 毫升。

【不良反应】一般无肉眼可见不良反应。

【注意事项】

（1）本品仅在兽医指导下用于健康鸡、鹅的免疫接种。

（2）用前须检查，如出现变色、破乳、破漏、混有异物等均不得使用。

（3）使用前，疫苗应恢复至室温，并充分摇匀。

（4）接种器具应无菌，注射部位应消毒。

（5）疫苗开启后限当日使用。

（6）剩余疫苗、疫苗瓶及注射器等，应进行无害化处理。

（7）疫苗运输及保存切勿冻结和高温。

（8）屠宰前 28 日内禁止使用。

【贮藏与有效期】2 ～ 8℃保存，有效期为 18 个月。

12. 如何正确使用鸡传染性喉气管炎活疫苗（K317 株）?

【主要成分与含量】本品含鸡传染性喉气管炎病毒 K317 株。每羽份病毒含量不低于 102.7EID50。

【性状】海绵状疏松团块，易与瓶壁脱离，加稀释液后迅速溶解。

【作用与用途】用于预防鸡传染性喉气管炎。适用于 35 日龄以上的鸡。免疫期为 6 个月。

【用法与用量】点眼接种。按瓶签注明羽份用生理盐水稀释，每羽 1 滴（0.03 毫升）。

蛋鸡在 35 日龄时第 1 次接种，在产蛋前再接种 1 次。

【注意事项】

（1）疫苗稀释后应放冷暗处，限 3 小时内用完。

（2）对 35 日龄以下的鸡接种时，应先作小群试验，无重反应时，再扩大使用。35 日龄以下的鸡用苗后效果较差，21 日后需作第 2 次接种。

（3）接种前、后要做好鸡舍环境卫生管理和消毒工作，降低空气中细菌密度，可减轻眼部感染。

（4）只限于疫区使用。鸡群中发生严重呼吸道病（如鸡传染性鼻炎、鸡支原体感染等）时，不宜使用本疫苗。

（5）用过的疫苗瓶、器具和未用完的疫苗等应进行无害化处理。

【贮藏与有效期】-15℃以下保存，有效期为 18 个月。

13. 如何正确使用鸡传染性鼻炎（A 型）灭活疫苗?

【主要成分】本品含灭活的副鸡禽杆菌 A 型 C–Hpg–8 株（CVCC 254）。

【性状】均匀乳剂。

【作用与用途】用于预防 A 型副鸡禽杆菌引起的鸡传染性鼻炎。42 日龄以下的鸡，免疫期为 3 个月；42 日龄以上的鸡为 6 个月。若 42 日龄首免，110 日龄二免，免疫期为 19 个月。

【用法与用量】胸或颈背皮下注射。42 日龄以下的鸡，每只 0.25 毫升；42 日龄以上的鸡，每只 0.5 毫升。

【注意事项】

（1）切忌冻结，冻结过的疫苗严禁使用。

（2）使用前，应将疫苗恢复至室温，并充分摇匀。

（3）接种时，应作局部消毒处理。

（4）用过的疫苗瓶、器具和未用完的疫苗等应进行无害化处理。

（5）用于肉鸡时，屠宰前 21 日内禁止使用；用于其他鸡时，屠宰前 42 日内禁止使用。

【贮藏与有效期】2 ～ 8℃保存，有效期为 12 个月。

14. 如何正确使用鸡毒支原体灭活疫苗?

【主要成分】本品含灭活的鸡毒支原体 CR 株。

【性状】均匀乳剂。

【作用与用途】用于预防由鸡毒支原体引起的鸡慢性呼吸道疾病。免疫期为 6 个月。

【用法与用量】颈背部皮下或大腿部肌内注射。40 日龄以内的鸡，每只 0.25 毫升；40 日龄以上的鸡，每只 0.5 毫升；蛋鸡，在产蛋前再接种 1 次，每只 0.5 毫升。

【注意事项】

（1）注射前应将疫苗恢复至室温，并将其充分摇匀。

（2）注射部位不得离头部太近，在颈部的中下部为宜。

（3）接种时，应作局部消毒处理。

（4）用过的疫苗瓶、器具和未用完的疫苗等应进行无害化处理。

（5）屠宰前 28 日内禁止使用。

【贮藏与有效期】2 ～ 8℃保存，有效期为 12 个月。

15.如何正确使用鸡滑液支原体灭活疫苗（YBF–MS1 株）？

【主要成分与含量】本品含灭活的鸡滑液支原体 YBF–MS1 株，每毫升疫苗中含灭活前的菌数不少于 1.9×109.0CCU。

【性状】乳白色均匀乳剂。

【作用与用途】用于预防由鸡滑液支原体引起的鸡传染性滑膜炎。接种后 28 日产生免疫力，免疫期为 6 个月。

【用法与用量】颈部皮下注射。21 日龄及以上鸡，每只 0.5 毫升；种鸡及商品蛋鸡在开产前 1 个月加强免疫 1 次，每只 0.5 毫升。

【不良反应】无。

【注意事项】

（1）切忌冻结，冻结过的疫苗禁止使用。

（2）体质瘦弱、患有其他疾病的鸡，禁止使用。

（3）使用前，应仔细检查疫苗，如发现破乳、疫苗中混有异物等情况时，禁止使用。

（4）使用前，应将疫苗恢复至室温，并充分摇匀。

（5）疫苗开启后，限当日用完。

（6）接种时，应作局部消毒处理。

（7）用过的疫苗瓶、器具和未用完的疫苗等应进行无害化处理。

（8）屠宰前 21 日内禁止使用。

【贮藏与有效期】2 ～ 8℃保存，有效期为 24 个月。

16.怎样使用鸡新城疫、传染性支气管炎二联活疫苗（La Sota 株+QXL87 株）？

【主要成分与含量】本品含鸡新城疫病毒 La Sota 株和传染性支气管炎病毒 QXL87 株。每羽份疫苗鸡新城疫病毒含量不低于 106.0EID50、鸡传染性支气管炎病毒含量不低于 103.5EID50。

【性状】微黄色海绵状疏松团块，易于瓶壁脱离，加稀释液后迅速溶解。

【作用与用途】用于预防鸡新城疫和鸡传染性支气管炎。免疫期为 3

个月。

【用法与用量】滴鼻或点眼接种。按瓶签注明羽份用无菌生理盐水或专用疫苗稀释液稀释疫苗，每只鸡滴鼻或点眼 1 羽份。

【不良反应】一般无可见不良反应。

【注意事项】

（1）本品仅用于接种健康鸡群。

（2）稀释液应置 2～8℃或阴凉处预冷，疫苗稀释后应在 4 小时内用完。

（3）滴鼻或点眼用滴管、瓶及其他器械事先消毒，免疫量应准确。

（4）用过的疫苗瓶、器具和未用完的疫苗等应进行无害化处理。

【贮藏与有效期】-15℃以下保存，有效期为 24 个月。

17. 如何正确使用鸡痘活疫苗（鹌鹑化弱毒株）？

【主要成分与含量】本品含鸡痘病毒鹌鹑化弱毒株（CVCC AV1003）。每羽份病毒含量不低于 103.0EID50。

【性状】海绵状疏松团块，易与瓶壁脱离，加稀释液后迅速溶解。

【作用与用途】用于预防鸡痘。成鸡的免疫期为 5 个月，初生雏鸡为 2 个月。

【用法与用量】翅膀内侧无血管处皮下刺种。按瓶签注明羽份，用生理盐水稀释，用鸡痘刺种针蘸取稀释的疫苗，20～30 日龄雏鸡刺种 1 针；30 日龄以上鸡刺种 2 针；6～20 日龄雏鸡用再稀释 1 倍的疫苗刺种 1 针。接种后 3～4 日，刺种部位出现轻微红肿、结痂，14～21 日痂块脱落。后备种鸡可于雏鸡接种后 60 日再接种 1 次。

【注意事项】

（1）疫苗稀释后应放冷暗处，限 4 小时内用完。

（2）接种时，应作局部消毒处理。

（3）用过的疫苗瓶、器具和未用完的疫苗等应进行无害化处理。

（4）鸡群刺种后 7 日应逐个检查，刺种部位无反应者，应重新补刺。

【贮藏与有效期】-15℃以下保存，有效期为 18 个月。

18. 如何使用鸡传染性法氏囊病活疫苗（B87 株）？

【主要成分与含量】本品含鸡传染性法氏囊病病毒 B87 株（CVCC AV140）。每羽份病毒含量不小于 103.0ELD50。

【性状】海绵状疏松团块，易与瓶壁脱离，加稀释液后迅速溶解。

【作用与用途】用于预防鸡传染性法氏囊病。

【用法与用量】点眼、口服、注射接种。

按瓶签注明羽份用生理盐水、注射用水或冷开水稀释，可用于各品种雏鸡。依据母源抗体水平，宜在 14 ～ 28 日龄时使用。

【注意事项】

（1）仅用于接种健康雏鸡。

（2）饮水接种时，饮水中应不含氯离子等消毒剂，饮水要清洁，忌用金属容器。

（3）饮水接种前，应视地区、季节、饲料等情况，停水 2 ～ 4 小时。饮水器应置不受日光照射的凉爽地方。饮水限 1 小时内饮完。

（4）接种时，应作局部消毒处理。

（5）严防散毒，用过的疫苗瓶、器具和未用完的疫苗等应进行无害化处理，不要使疫苗污染到其他地方或人身上。

【贮藏与有效期】–15℃以下保存，有效期为 18 个月。

19. 怎么使用鸡传染性支气管炎活疫苗（H120 株）？

【主要成分与含量】本品含鸡传染性支气管炎病毒 H120 株（CVCC AV1514）。每羽份病毒含量不低于 103.5EID50 。

【性状】海绵状疏松团块，易与瓶壁脱离，加稀释液后迅速溶解。

【作用与用途】用于预防鸡传染性支气管炎。接种后 5 ～ 8 日产生免疫力，免疫期为 2 个月。

【用法与用量】滴鼻或饮水接种。用于初生雏鸡的首免，不同品种鸡均可使用。至 1 ～ 2 月龄时，须用 H52 疫苗进行加强接种。按瓶签注明羽份，用生理盐水、注射用水或水质良好的冷开水稀释。

滴鼻接种：按瓶签注明羽份稀释，用滴管吸取疫苗，每羽 1 滴（约 0.03 毫升）。

饮水接种：剂量加倍。饮用水量根据鸡龄大小而定，一般 5 ～ 10 日龄 5.0 ～ 10 毫升。

【注意事项】

（1）疫苗稀释后，应放冷暗处，限 4 小时内用完。

（2）饮水接种时，忌用金属容器，饮水前应停水 2 ～ 4 小时。

（3）用过的疫苗瓶、器具和未用完的疫苗等应进行无害化处理。

【贮藏与有效期】-15℃以下保存，有效期为 12 个月。

20. 如何使用鸡新城疫、传染性支气管炎二联活疫苗（La Sota 株 +H52 株）？

【主要成分与含量】本品含鸡新城疫病毒 La Sota 株（CVCC AV1615）和传染性支气管炎病毒 H52 株（CVCC AV1513）。每羽份鸡新城疫病毒含量不低于 106.0EID50、传染性支气管炎病毒含量不低于 103.5EID50。

【性状】海绵状疏松团块，易与瓶壁脱离，加稀释液后迅速溶解。

【作用与用途】用于预防鸡新城疫和鸡传染性支气管炎。

【用法与用量】滴鼻或饮水接种。适用于 21 日龄以上的鸡。按瓶签注明羽份，用生理盐水、注射用水或水质良好的冷开水稀释疫苗。

滴鼻接种：每只 1 滴（0.03 毫升）。

饮水接种：剂量加倍。其饮水量根据鸡龄大小而定，一般 20 ～ 30 日龄 10 ～ 20 毫升、成鸡 20 ～ 30 毫升。

【注意事项】

（1）稀释后，应放冷暗处，限 4 小时内用完。

（2）饮水接种时，忌用金属容器，饮用前应至少停水 2 ～ 4 小时。

（3）用过的疫苗瓶、器具和未用完的疫苗等应进行无害化处理。

【贮藏与有效期】-15℃以下保存，有效期为 18 个月。

21. 怎样使用鸡新城疫、传染性支气管炎二联活疫苗（La Sota 株 +H120 株）？

【主要成分与含量】本品含鸡新城疫病毒 La Sota 株（CVCC AV1615）和传染性支气管炎病毒 H120 株（CVCC AV1514）。每羽份鸡新城疫病毒含量不低于 106.0EID50、传染性支气管炎病毒含量不低于 103.5EID50。

【性状】海绵状疏松团块，易与瓶壁脱离，加稀释液后迅速溶解。

【作用与用途】用于预防鸡新城疫和鸡传染性支气管炎。

【用法与用量】滴鼻或饮水接种。适用于 7 日龄以上的鸡。按瓶签注明羽份，用生理盐水、注射用水或水质良好的冷开水稀释疫苗。

滴鼻接种：每只 1 滴（0.03 毫升）。

饮水接种：剂量加倍。其饮水量根据鸡龄大小而定，一般 5 ～ 10 日龄 5 ～ 10 毫升、20 ～ 30 日龄 10 ～ 20 毫升、成鸡 20 ～ 30 毫升。

【注意事项】

（1）稀释后，应放冷暗处，限 4 小时内用完。

（2）饮水接种时，忌用金属容器，饮用前应至少停水 2 ～ 4 小时。

（3）用过的疫苗瓶、器具和未用完的疫苗等应进行无害化处理。

【贮藏与有效期】–15℃以下保存，有效期为 18 个月。

22. 如何使用鸡新城疫、传染性支气管炎二联灭活疫苗（La Sota 株 +M41 株）？

【主要成分与含量】每羽份疫苗中含有灭活的鸡新城疫病毒不低于 108.0EID50、传染性支气管炎病毒不低于 106.0EID50。

【性状】乳白色乳剂。

【作用与用途】用于预防鸡新城疫和传染性支气管炎。接种后 21 日产生免疫力。

【用法与用量】肌内或颈部皮下注射。雏鸡每只 0.3 毫升，免疫期为 4 个月；肉鸡每只 0.3 毫升，免疫期为 2 个月；成年鸡每只 0.5 毫升，免疫期为 6 个月。

【不良反应】无。

【注意事项】

（1）该疫苗免疫前或免疫同时应用新城疫、传染性支气管炎弱毒疫苗作基础免疫。

（2）体质瘦弱、患有其他疾病的鸡，禁止使用。

（3）应仔细检查疫苗，如发现破乳、疫苗中混有异物等情况时，不能使用。

（4）使用前应先使疫苗恢复到常温并充分摇匀。

（5）疫苗启封后，限当日使用。

（6）本品不能冻结。

（7）注射器具，用前需经消毒，注射部位应涂擦 5% 碘酒消毒。

（8）剩余的疫苗及用具，应经无害化处理后废弃。

【贮藏与有效期】2 ～ 8℃保存，有效期为 12 个月。

23. 怎样使用鸡新城疫、传染性支气管炎、传染性法氏囊病三联灭活疫苗（La Sota 株 +M41 株 +S–VP2 蛋白）？

【主要成分与含量】疫苗中含鸡新城疫病毒 La Sota 株，灭活前的病毒含量 ≥ 108.5EID50/0.1 毫升；鸡传染性支气管炎病毒 M41 株，灭活前的病毒含量 ≥ 106.5EID50/0.1 毫升；鸡传染性法氏囊病病毒 VP2 蛋白的 AGP 滴度 ≥ 1:64。

【性状】本品为乳白色乳剂，剂型为油包水型。

【作用与用途】用于预防鸡新城疫、鸡传染性支气管炎和鸡传染性法氏囊病。

【用法与用量】颈部皮下或肌内注射。7 ～ 14 日龄鸡，每只 0.3 毫升，免疫期为 4 个月；种鸡开产前 14 ～ 28 日免疫，每只 0.5 毫升，免疫期为 6 个月。

【不良反应】一般无明显的不良反应。

【注意事项】

（1）本疫苗免疫前或免疫同时应用鸡新城疫、鸡传染性支气管炎、鸡传染性法氏囊病活疫苗作基础免疫。

（2）体质瘦弱、患有其他疾病的鸡，禁止使用。

（3）应仔细检查疫苗，如发现破乳、疫苗中混有异物等情况时，不能使用。

（4）使用前，应先使疫苗恢复到常温并充分摇匀。

（5）疫苗启封后，限当日使用。

（6）本品不能冻结。

（7）注射器具，用前需经消毒，注射部位应涂擦 5% 碘酒消毒。

（8）剩余的疫苗及用具，应经无害化处理后废弃。

【贮藏与有效期】2 ～ 8℃保存，有效期为 12 个月。

24. 如何使用鸡新城疫、传染性支气管炎、传染性法氏囊病、病毒性关节炎四联灭活疫苗（La Sota 株 + M41 株 + S–VP2 蛋白 + AV2311 株）？

【主要成分与含量】疫苗中含有灭活的鸡新城疫病毒 La Sota 株，灭活前病毒含量不低于 109.1EID50/0.1 毫升；传染性支气管炎病毒 M41 株，灭活前病毒含量不低于 106.7EID50/0.1 毫升；传染性法氏囊病病毒 VP2 蛋白，琼扩效价不低于 1:64；病毒性关节炎病毒 AV2311 株，灭活前病毒含量不低于 107.1ELD50/0.1 毫升。

【性状】乳白色均匀乳剂。

【作用与用途】用于预防鸡新城疫、传染性支气管炎、传染性法氏囊病、病毒性关节炎。接种后 21 日产生免疫力。

【用法与用量】颈部皮下或肌内注射。7 ～ 14 日龄鸡，每只 0.3 毫升，免疫期为 4 个月；14 日龄以上鸡，每只 0.5 毫升，免疫期为 6 个月。

【不良反应】一般无明显的不良反应。

【注意事项】

（1）该疫苗免疫前或免疫同时应用鸡新城疫、传染性支气管炎、传染性法氏囊病、病毒性关节炎活疫苗作基础免疫。

（2）仅限于接种健康鸡。

（3）应仔细检查疫苗，如发现破乳、疫苗中混有异物等情况时，严禁使用。

（4）使用前应先使疫苗恢复至室温，并充分摇匀。

（5）疫苗启封后，限当日使用。

（6）本品不能冻结。

（7）注射器具，用前需经消毒，注射部位应涂擦 5% 碘酒消毒。

（8）用过的疫苗瓶、器具和未用完的疫苗等应进行无害化处理。

【贮藏与有效期】2 ～ 8℃保存，有效期为 24 个月。

25. 如何使用鸡新城疫、病毒性关节炎二联灭活疫苗（La Sota 株 +AV2311 株）？

【主要成分与含量】疫苗中含有灭活的鸡新城疫病毒 La Sota 株，灭活前的病毒含量≥ 108.5EID50/0.1 毫升；病毒性关节炎病毒 AV2311 株，灭活前的病毒含量≥ 105.5ELD50/0.1 毫升。

【性状】乳白色乳剂。

【作用与用途】用于预防鸡新城疫和病毒性关节炎。

【用法与用量】肌内或颈部皮下注射。28 日龄内雏鸡每只 0.2 毫升，免疫期为 3 个月；28 日龄以上的鸡每只 0.5 毫升，免疫期为 6 个月；种鸡开产前 1 个月左右免疫，每只 0.5 毫升，免后 4 个月内的子代在 2 周内可获保护。

【不良反应】无。

【注意事项】

（1）本品不能冻结。

（2）体质瘦弱、患有其他疾病的禽，禁止使用。

（3）使用前应先仔细检查疫苗，如发现破乳、疫苗中混有异物等情况时，不能使用。

（4）注射前应将疫苗恢复至室温，并充分摇匀。

（5）疫苗启封后，限当日使用。

（6）注射器具，用前需经消毒，注射部位应涂擦 5% 碘酒消毒。

（7）宰杀前 28 日内禁止使用。

（8）用过的疫苗瓶、器具和未用完的疫苗等应进行无害化处理。

【贮藏与有效期】2 ～ 8℃保存，有效期为 12 个月。

26.怎样使用重组新城疫病毒、禽流感病毒（H9 亚型）二联灭活疫苗（A-Ⅶ 株 +WJ57 株）？

【主要成分】疫苗中含有灭活的重组新城疫病毒 A-Ⅶ 株和灭活的禽流感病毒（H9 亚型）WJ57 株。

【性状】乳白色均匀乳剂。

【作用与用途】用于预防鸡新城疫和 H9 亚型禽流感。接种后 21 日产生免疫力。

【用法与用量】颈部皮下或肌内注射。3 周龄以内鸡，每只 0.2 毫升，免疫期为 4 个月；3 周龄以上鸡，每只 0.5 毫升，免疫期为 6 个月。

【不良反应】一般无明显的不良反应。

【注意事项】

（1）本品在兽医指导下用于健康鸡的免疫接种。

（2）用前须仔细检查疫苗，如出现变色、破乳、破漏、混有异物等均不得使用。

（3）使用前疫苗应恢复至室温并充分摇匀。

（4）接种器具应无菌，注射部位应消毒。

（5）疫苗开启后限当日使用。

（6）用过的疫苗瓶、器具和未用完的疫苗等应进行无害化处理。

（7）疫苗运输及保存切勿冻结和高温。

（8）屠宰前 28 日内禁止使用。

【贮藏与有效期】2 ～ 8℃保存，有效期为 18 个月。

27. 如何正确使用鸡新城疫、禽流感（H9 亚型）二联灭活疫苗（La Sota 株 +F 株）？

【主要成分】本品含灭活的鸡新城疫病毒 La Sota 株和灭活的 A 型禽流感病毒 H9 亚型 A/Chicken/Shanghai/1/98（H9N2）株（简称 F 株）。

【性状】均匀乳剂。

【作用与用途】用于预防鸡新城疫和 H9 亚型禽流感。接种后 21 日产生免疫力。

【用法与用量】肌内或颈部皮下注射。无母源抗体或母源抗体（1 日龄鸡新城疫和 H9 亚型禽流感病毒母源抗体）不超过 1:32 的雏鸡，在 7 ～ 14 日龄时首免，每只 0.2 毫升，免疫期为 2 个月；母源抗体高于 1:32 的雏鸡，在 2 周龄后首免，每只 0.5 毫升，免疫期为 5 个月；母鸡在开产前 2 ～ 3 周接种，每只 0.5 毫升，免疫期为 6 个月。

【注意事项】

（1）切忌冻结，冻结过的疫苗严禁使用。

（2）体质瘦弱、患有其他疾病的鸡，禁止使用。

（3）使用前，应仔细检查疫苗，如发现破乳、疫苗中混有异物等情况时，不能使用。

（4）使用时，应将疫苗恢复至室温，并充分摇匀。

（5）疫苗开启后，限当日用完。

（6）接种时，应作局部消毒处理。

（7）用过的疫苗瓶、器具和未用完的疫苗等应进行无害化处理。

（8）接种本疫苗的种鸡所产子代具有较高的抗体水平，因此，应对子代的有关免疫程序进行适当调整。建议免疫期内的种鸡所产子代于 10 ～ 14 日龄时初次进行鸡新城疫疫苗接种。

（9）用于肉鸡时，屠宰前 21 日内禁止使用；用于其他鸡时，屠宰前 42 日内禁止使用。

【贮藏与有效期】2 ～ 8℃保存，有效期为 12 个月。

28. 如何正确使用鸡新城疫、传染性法氏囊病二联灭活疫苗（A-VII 株 +S-VP2 蛋白）？

【主要成分与含量】疫苗中含灭活的重组新城疫病毒 A-VII 株和灭活的鸡传染性法氏囊病病毒 S-VP2 蛋白。新城疫病毒 A-VII 株灭活前病毒含量不低于 108.0EID50/0.1 毫升，传染性法氏囊病病毒 S-VP2 蛋白灭活前琼扩效价不低于 1:16。

【性状】乳白色均匀乳剂。

【作用与用途】用于预防鸡新城疫、传染性法氏囊病。接种后 21 日产生免疫力。

【用法与用量】肌内或颈部皮下注射。7 ～ 21 日龄鸡，每只 0.25 毫升，免疫期为 4 个月；21 日龄以上鸡，每只 0.5 毫升，免疫期为 6 个月。

【不良反应】一般无明显的不良反应。

【注意事项】

（1）切忌冻结，冻结过的疫苗严禁使用。

（2）体质瘦弱、患有其他疾病的鸡，禁止使用。

（3）使用前，应仔细检查疫苗，如发现破乳、疫苗中混有异物等情况时，不能使用。

（4）使用前，应先使疫苗恢复至室温，并充分摇匀。

（5）疫苗开启后，限当日用完。

（6）接种时，应局部消毒处理。

（7）用过的疫苗瓶、器具和未用完的疫苗等应进行无害化处理。

（8）屠宰前 28 日内禁止使用。

【贮藏与有效期】2 ～ 8℃保存，有效期为 24 个月。

29. 如何正确使用鸡新城疫、禽流感（H9 亚型）、传染性法氏囊病三联灭活疫苗（La Sota 株 +YBF003 株 +S-VP2 蛋白）？

【主要成分与含量】疫苗中含有灭活的 NDV La Sota 株，灭活前病毒含量 ≥ 108.5EID50/0.1 毫升；H9 亚型 AIV YBF003 株，灭活前病毒含量 ≥ 107.5EID50/0.1 毫升；IBDV S-VP2 蛋白，琼扩效价不低于 1:64。

【性状】乳白色乳剂，剂型为油包水型。

【作用与用途】用于预防鸡新城疫、H9 亚型禽流感、传染性法氏囊病。

接种后 21 日产生免疫力。

【用法与用量】肌内或颈部皮下注射。7 ～ 14 日龄雏鸡，每只 0.3 毫升，免疫期为 4 个月；14 日龄以上鸡，每只 0.5 毫升，免疫期为 6 个月。

【不良反应】一般无明显的不良反应。

【注意事项】

（1）体质瘦弱、患有其他疾病的鸡，禁止使用。

（2）使用前应仔细检查疫苗，如发现破乳、疫苗中混有异物等情况时，不能使用。

（3）使用前应先使疫苗恢复到常温并充分摇匀。

（4）疫苗启封后，限当日使用。

（5）本品不能冻结。

（6）注射器具，用前需经消毒，注射部位应涂擦 5% 碘酒消毒。

（7）用过的疫苗瓶、器具和未用完的疫苗，应经无害化处理后废弃。

【贮藏与有效期】2 ～ 8℃保存，有效期为 24 个月。

30. 如何正确使用鸡新城疫、传染性支气管炎、禽流感（H9 亚型）三联灭活疫苗（La Sota 株 + M41 株 + YBF003 株）？

【主要成分与含量】疫苗中含有灭活的鸡新城疫病毒（灭活前病毒含量 ≥ 108.5EID50/0.1 毫升）、传染性支气管炎病毒（灭活前病毒含量 ≥ 106.5EID50/0.1 毫升）、H9 亚型禽流感病毒（灭活前病毒含量 ≥ 107.5EID50/0.1 毫升）。

【性状】乳白色乳剂。

【作用与用途】用于预防鸡新城疫、鸡传染性支气管炎和 H9 亚型禽流感病毒引起的禽流感，接种后 21 日产生免疫力，免疫期为 6 个月。

【用法与用量】肌内或颈部皮下注射。雏鸡 7 ～ 14 日龄接种，每只 0.3 毫升；成年鸡开产前 7 ～ 14 日接种，每只 0.5 毫升 。

【不良反应】无。

【注意事项】

（1）该疫苗免疫前或免疫同时应用新城疫、鸡传染性支气管炎弱毒活疫苗作基础免疫。

（2）体质瘦弱、患有其他疾病的鸡，禁止使用。

（3）应仔细检查疫苗，如发现破乳、疫苗中混有异物等情况时，不能使用。

（4）使用前应先使疫苗恢复到常温并充分摇匀。

（5）疫苗启封后，限当日使用。

（6）本品不能冻结。

（7）注射器具，用前需经消毒，注射部位应涂擦 5% 碘酒消毒。

（8）剩余的疫苗及用具，应经无害化处理后废弃。

【贮藏与有效期】2 ～ 8℃保存，有效期为 12 个月。

31. 如何使用鸡新城疫、传染性支气管炎、禽流感（H9 亚型）、传染性法氏囊病四联灭活疫苗（La Sota 株 + M41 株 + YBF003 株 + S-VP2 蛋白）？

【主要成分与含量】疫苗中含有灭活的 NDV La Sota 株，灭活前病毒含量不低于 108.7EID50/0.1 毫升；IBV M41 株，灭活前病毒含量不低于 106.7EID50/0.1 毫升；H9 亚型 AIV YBF003 株，灭活前病毒含量不低于 107.7EID50/0.1 毫升；传染性法氏囊病病毒 VP2 蛋白，琼扩效价不低于 1:64。

【性状】本品为乳白色乳剂，剂型为油包水型。

【作用与用途】用于预防鸡新城疫、传染性支气管炎、H9 亚型禽流感、传染性法氏囊病。接种后 21 日产生免疫力。雏鸡免疫期为 4 个月；成鸡免疫期为 6 个月。

【用法与用量】肌内或颈部皮下注射。7 ～ 14 日龄雏鸡，每只 0.3 毫升；14 日龄以上鸡，每只 0.5 毫升。

【不良反应】一般无明显的不良反应。

【注意事项】

（1）该疫苗免疫前或免疫同时应用鸡新城疫、鸡传染性支气管炎活疫苗作基础免疫。

（2）体质瘦弱、患有其他疾病的鸡，禁止使用。

（3）应仔细检查疫苗，如发现破乳、疫苗中混有异物等情况时，不能使用。

（4）使用前应先使疫苗恢复到常温并充分摇匀。

（5）疫苗启封后，限当日使用。

（6）本品不能冻结。

（7）注射器具，用前需经消毒，注射部位应涂擦 5% 碘酒消毒。

（8）用过的疫苗瓶、器具和未用完的疫苗，应经无害化处理后废弃。

【贮藏与有效期】2～8℃保存，有效期为24个月。

32. 如何正确使用重组禽流感病毒（H5+H7）三价灭活疫苗?

【主要成分与含量】重组禽流感病毒（H5+H7）三价灭活疫苗（H5N6 H5-Re13 株 +H5N8 H5-Re14 株 +H7N9 H7-Re4 株）中含灭活的重组禽流感病毒 H5N6 亚型 H5-Re13 株、H5N8 亚型 H5-Re14 株和 H7N9 亚型 H7-Re4 株。灭活前其 HA 效价均为 1:512。

【性状】乳白色均匀乳剂。

【作用与用途】用于预防由 H5 亚型 2.3.4.4h 分支、2.3.4.4b 分支和 H7 亚型禽流感病毒引起的禽流感。接种后 14 日产生免疫力，鸡免疫期为 6 个月；鸭、鹅首免后 3 周，加强接种 1 次，免疫期为 4 个月。

【用法与用量】胸部肌内或颈部皮下注射。2～5 周龄鸡，每只 0.3 毫升；5 周龄以上鸡，每只 0.5 毫升。2～5 周龄鸭和鹅，每只 0.5 毫升；5 周龄以上鸭和鹅，每只 1.0 毫升。

【不良反应】一般无可见的不良反应。

【注意事项】

（1）禽流感病毒感染禽或健康状况异常的禽切忌使用本品。

（2）本品严禁冻结。

（3）本品若出现破损、异物或破乳分层等异常现象，切勿使用。

（4）使用前应将疫苗恢复至常温，并充分摇匀。

（5）接种时应使用灭菌器械，及时更换针头，最好 1 只禽 1 个针头。

（6）疫苗启封后，限当日用完。

（7）屠宰前 28 日内禁止使用。

（8）用过的疫苗瓶、器具和未用完的疫苗等应进行无害化处理。

【贮藏与有效期】2～8℃保存，有效期为 12 个月。

33. 怎样正确使用鸡新城疫、传染性支气管炎、减蛋综合征、禽流感（H9 亚型）四联灭活疫苗（La Sota 株 + M41 株 + NE4 株 + YBF003 株）?

【主要成分与含量】疫苗中含有灭活的鸡新城疫病毒 La Sota 株，灭活前病毒含量≥ 108.7EID50/0.1 毫升；传染性支气管炎病毒 M41 株，灭活前病毒含量≥ 106.7EID50/0.1 毫升；减蛋综合征病毒 NE4 株≥ 32768 个 HA 单位；H9 亚型禽流感病毒 YBF003 株，灭活前病毒含量≥ 107.7EID50/0.1 毫升。

【性状】乳白色乳剂，剂型为油包水型。

【作用与用途】用于预防鸡新城疫、传染性支气管炎、减蛋综合征和 H9 亚型禽流感。接种后 21 日产生免疫力，免疫期为 6 个月。

【用法与用量】肌内或颈部皮下注射，开产前 14 ～ 21 日免疫，每只 0.5 毫升。

【不良反应】无。

【注意事项】

（1）该疫苗免疫前或免疫同时应用鸡新城疫、鸡传染性支气管炎活疫苗作基础免疫。

（2）体质瘦弱、患有其他疾病的鸡，禁止使用。

（3）使用前应仔细检查疫苗，如发现破乳、疫苗中混有异物等情况时，不能使用。

（4）使用前应先使疫苗恢复到常温，并充分摇匀。

（5）疫苗启封后，限当日使用。

（6）本品不能冻结。

（7）注射器具，用前需经消毒，注射部位应涂擦 5% 碘酒消毒。

（8）用过的疫苗瓶、器具和未用完的疫苗，应经无害化处理。

【贮藏与有效期】2 ～ 8℃保存，有效期为 12 个月。

34. 如何正确使用硫酸安普霉素可溶性粉？

【主要成分】硫酸安普霉素。

【性状】本品为微黄色粉末。

【作用与用途】氨基糖苷类抗生素。主要用于治疗鸡革兰氏阴性菌引起的肠道感染。

【用法与用量】以本品计。混饮：每 1 升水，鸡 0.25 ～ 0.5 克，连用 5 日。

【不良反应】内服可能损害肠壁绒毛而影响肠道对脂肪、蛋白质、糖、铁等的吸收。也可引起肠道菌群失调，发生厌氧菌或真菌等二重感染。

【注意事项】

（1）蛋鸡产蛋期禁用。

（2）本品遇铁锈易失效，混饲机械要注意防锈，也不宜与微量元素制剂混合使用。

（3）饮水给药必须当天配制。

【休药期】鸡7日。

35. 如何正确使用亚甲基水杨酸杆菌肽可溶性粉？

【主要成分】亚甲基水杨酸杆菌肽。

【性状】本品为类白色至浅黄色粉末。

【适应证】多肽类抗生素。用于治疗产气荚膜梭菌所引起的鸡坏死性肠炎。

【用法与用量】以本品计。混饮：每1升水，预防25毫克，治疗50～100毫克，连用5～7日。

【不良反应】按规定剂量使用，暂未见不良反应。

【注意事项】无。

【休药期】1日。

【贮藏】密封，在干燥处保存。

36. 如何正确使用硫酸黏杆菌素可溶性粉？

【主要成分】黏菌素。

【性状】本品为白色或类白色粉末。

【作用与用途】多肽类抗生素。主要用于治疗猪、鸡革兰氏阴性菌所致的肠道感染。

【用法与用量】以本品计。混饮：每1升水，鸡20～60毫克。

【不良反应】按规定的用法用量使用尚未见不良反应。

【注意事项】

（1）蛋鸡产蛋期禁用。

（2）连续使用不宜超过一周。

【休药期】鸡7日。

【贮藏】遮光，密闭，在干燥处保存。

37. 如何正确使用甲磺酸达氟沙星溶液？

【性状】甲磺酸达氟沙星为白色至淡黄色结晶性粉末，无臭、味苦、易溶于水、微溶于甲醇，几乎不溶于氯仿。

【适应证】适用于禽（G⁺）菌、某些厌氧菌、支原体、螺旋体感染。

（1）金葡菌、溶血链球菌、肺炎球菌、嗜肺性军团菌混合引起的肺部感染。

（2）支原体引起禽慢性呼吸道病。

（3）鸡坏死性肠炎。

【用法用量】混饮用：鸡每升水 15 ～ 30 毫克，每天 1 次，连用 3 天。

【注意事项】（1）甲磺酸达氟沙星与氨基糖苷类药物协同；

（2）有时可引起腹泻等过敏症状，停药即消失。

【停药期】鸡宰前 5 天停药。

38. 如何正确使用盐酸二氟沙星粉？

【主要成分】本品由 1-(4- 氟苯基)-6- 氟 -4- 氧代 -1, 4 二氢 -7-（4- 甲基 -1- 哌嗪基）-3- 喹啉羧酸盐与无水葡萄糖配制而成。

【性状】本品为白色或类白色粉末。

【用法用量】混饮：本品每 100 克兑水 300 千克，搅匀后供家禽自由饮用。早晚各 1 次，连用 3 ～ 5 天，病情严重时酌情加量。

【不良反应】本品毒性较小，临床应用安全，但本品可使幼龄动物软骨病发生变性，引起跛行及疼痛，消化系统反应有呕吐、腹痛、腹胀，皮肤反应有红斑、瘙痒、荨麻疹及光敏反应等。

【注意事项】

（1）本品不适用于 8 周龄前的犬。

（2）对中枢神经系统有潜在的兴奋作用，诱导癫痫发作，患癫痫的犬慎用。

（3）肉食动物与肾功能不良患畜慎用，可偶发结晶尿。

【停药期】鸡 1 日。

【贮藏】阴凉、密闭、干燥处保存。

39. 如何正确使用恩诺沙星溶液？

【主要成分】恩诺沙星。

【性状】本品为几乎无色至淡黄色的澄明液体。

【适应证】用于禽细菌性和支原体感染，如大肠杆菌病、鸡白痢、禽霍乱、鸡传染性鼻炎、鸡慢性呼吸道病等。

【用法与用量】按恩诺沙星计算。混饮，每1升水，禽50～75毫克。

【不良反应】

（1）使幼龄动物软骨发生变性，影响骨骼发育并引起跛行及疼痛。

（2）消化系统的反应有呕吐、食欲不振、腹泻等。

（3）皮肤反应有红斑、瘙痒、荨麻疹及光敏反应等。

【注意事项】蛋鸡产蛋期禁用。

【休药期】禽8日。

【贮藏】遮光，密封保存。

40. 如何正确使用氟苯尼考粉？

【主要成分】氟苯尼考。

【性状】本品为白色或类白色粉末。

【作用与用途】酰胺醇类抗生素。用于巴氏杆菌和大肠杆菌所致的细菌性疾病。

【用法与用量】以本品计。内服：每1千克体重，鸡0.2～0.3克，一日2次，连用3～5日。

【不良反应】本品高于推荐剂量使用时有一定的免疫抑制作用。

【注意事项】

（1）蛋鸡产蛋期禁用。

（2）疫苗接种期或免疫功能严重缺损的动物禁用。

【休药期】鸡5日。

【贮藏】密闭，在干燥处保存。

41. 如何正确使用氟甲喹可溶性粉？

【主要成分】氟甲喹。

【性状】本品为红色或红褐色粉末。

【适应证】本品主要用于治疗鸭传染性浆膜炎（鸭疫里氏杆菌病），鸡气囊炎、大肠杆菌病、禽霍乱、坏死性肠炎、沙门氏菌、呼吸道感染、卵黄性腹膜炎。

【用法用量】治疗：本品兑水300～400千克，重症加倍。按全天饮水量集中一次投服。

用药前先停水 1 ～ 2 小时，药水在 1 小时内饮完，效果更好。

42. 如何正确使用吉他霉素预混剂?

【主要成分】吉他霉素。

【作用与用途】大环内酯类抗生素。主要用于治疗革兰氏阳性菌、支原体及钩端螺旋体等感染。

【用法与用量】以吉他霉素计。混饲：鸡 100 ～ 300 克（10 000 万～ 30 000 万单位），连用 5 ～ 7 日。

【注意事项】蛋鸡产蛋期禁用。

【休药期】鸡 7 日。

【贮藏】遮光，密闭，在干燥处保存。

43. 如何正确使用酒石酸吉他霉素可溶性粉?

【主要成分】吉他霉素。

【性状】本品为白色或类白色粉末。

【适应证】用于治疗鸡的革兰氏阳性菌、支原体等引起的感染性疾病，如鸡的葡萄球菌病、链球菌病、慢性呼吸道病和传染性鼻炎等。

【用法与用量】按吉他霉素计算。混饮，每 1 升水，鸡 250 ～ 500 毫克，连用 3 ～ 5 日。

【不良反应】动物内服后可出现剂量依赖性胃肠道功能紊乱（呕吐、腹泻、肠疼痛等），发生率较红霉素低。

【注意事项】蛋鸡产蛋期禁用。

【休药期】鸡 7 日。

【贮藏】密闭，在干燥处保存。

44. 如何正确使用金荞麦散?

【主要成分】本品为蓼科植物金荞麦的干燥根茎。冬季采挖，除去茎及须根，洗净，晒干。

【性状】本品呈不规则团块或圆柱状，常有瘤状分枝，顶端有的有茎残基，长 3 ～ 15cm，直径 1 ～ 4cm。表面棕褐色，有横向环节及纵皱纹，密布点状皮孔，并有凹陷的圆形根痕及残存须根。质坚硬，不易折断，断面淡黄白色或淡棕红色，有放射状纹理，中央髓部色较深。气微，味微涩。

【炮制】除去杂质，洗净，润透，切厚片，晒干。

【性味】微辛、涩，凉。

【功能】清热解毒，清肺排脓，活血祛瘀。

【主治】家禽肠毒综合征。鸡群感染肠毒综合征后引起法氏囊、胸腺等免疫系统的萎缩与退化，从而继发传染性法氏囊炎，配合益囊康或芪草瘟囊清使用，能够快速消除免疫抑制，提高机体对疫苗的应答能力；15～25日龄鸡群因各种致病因素引起的过料、腹泻；细菌和小肠球虫混合感染引起的肠毒综合征，单用即可。

【用法与用量】禽1～3g。混饲，金荞麦散粉100克，拌料，治疗量75千克，预防量150千克；兑水治疗量150千克，预防量300千克，连用3～5天，一般6～8小时饮用完。

【贮藏】置阴凉干燥处。

45. 如何正确使用盐酸沙拉沙星溶液?

【主要成分】盐酸沙拉沙星

【性状】本品为淡黄色或黄色澄清液体。

【适应证】抗菌药。用于畜禽敏感菌的感染。

【用法与用量】按沙拉沙星计算。混饮：每1升水，鸡20～50毫克，连用3～5日。

【不良反应】本品毒性较小，临床使用安全。其主要不良反应有：

（1）使幼龄动物软骨发生变性，影响骨骼发育并引起跛行及疼痛；

（2）消化系统的反应有呕吐、食欲不振、腹泻等；

（3）皮肤反应有红斑、瘙痒、荨麻疹及光敏反应等。

【注意事项】蛋鸡产蛋期禁用。

【休药期】鸡0日。

【贮藏】遮光，密封保存。

46. 如何正确使用延胡索酸泰妙菌素可溶性粉?

【主要成分】延胡索酸泰妙菌素。

【性状】本品为白色或类白色粉末。

【作用与用途】用于治疗鸡慢性呼吸道疾病引起的眼结膜潮红、甩鼻、咳嗽、呼噜。

【用法用量】以本品计。混饮：每 1 升水，鸡 0.28 ～ 0.56 克，连用 3 日。

【注意事项】

（1）禁止与莫能菌素、盐霉素、甲基盐霉素等聚醚类抗生素合用。

（2）使用者避免药物与眼及皮肤接触。

【休药期】鸡 5 日。

【贮藏】遮光，密闭，在干燥处保存。

47. 如何正确使用磷酸泰乐菌素预混剂?

【主要成分】磷酸泰乐菌素。

【性状】本品为类白色粉末。

【作用与用途】大环内酯类抗生素。主要用于防治鸡支原体感染引起的疾病，也用于治疗鸡产气荚膜梭菌引起的坏死性肠炎。

【用法与用量】以本品计。混饲：每 1 000 千克饲料，用于细菌及支原体感染，鸡 18.2 ～ 227.3 克。

【不良反应】可引起剂量依赖性胃肠道紊乱。

【注意事项】（1）蛋鸡产蛋期禁用。

（2）因与其他大环内酯类、林可胺类作用靶点相同，不宜同时使用。

（3）与 β - 内酰胺类合用表现为拮抗作用。

（4）可引起人接触性皮炎，避免直接接触皮肤，沾染的皮肤要用清水洗净。

【休药期】鸡 5 日。

【贮藏】密闭，在干燥处保存。

48. 如何正确使用地克珠利溶液?

【主要成分】地克珠利。

【性状】本品为几乎无色至淡黄色澄清溶液。

【用法用量】以地克珠利计。混饮：每 1 升水，鸡 0.5 ～ 1 毫克。

【适应证】用于预防家禽球虫病。

【不良反应】按规定剂量使用，暂未见不良反应。

【注意事项】现配现用，否则影响疗效。

【休药期】鸡 5 日，蛋鸡产蛋期禁用。

【贮藏】遮光，密封保存。

49. 如何正确使用磺胺氯吡嗪钠可溶性粉?

【用法用量】每 100 克兑水 100 千克,自由饮用,连用 3 ～ 5 日。

【产品性能】

(1)主要用于治疗和扑灭各种暴发性球虫病。

(2)治疗球虫与细菌混合感染引起的坏死性、溃疡性肠炎,可以很好地治疗鸡由大肠杆菌和球虫混合感染时的各类疾病。

(3)可以治疗由鸡沙门氏菌引起的禽伤寒和由多杀性巴氏杆菌引起的禽霍乱。

50. 如何正确使用芬苯达唑粉?

【主要成分】本品为芬苯达唑与碳酸钙配制而成。

【适应证】用于畜禽线虫病和绦虫病。如鸡蛔虫、异刺线虫、绦虫等。

【用法用量】以芬苯达唑计。内服,一次量,每 1 千克体重,鸡 10 ～ 50 毫克。

【不良反应】在推荐剂量下使用,一般不会产生不良反应。

【贮藏】遮光,密封,在干燥处保存。

51. 如何正确使用妥曲珠利溶液?

【主要成分】妥曲珠利。

【性状】本品为无色或浅黄色黏稠澄清溶液。

【适应证】抗球虫药。用于治疗家禽球虫病。本品对鸡堆型、布氏、巨型、柔嫩、毒害和缓艾美耳球虫、火鸡腺艾美耳球虫、火鸡艾美耳球虫,以及鹅的鹅艾美耳球,虫截形艾美耳球虫均有良好的抑杀效应。

【用法用量】混饮:每 1 升水,鸡 25 毫克,连用 2 日。

【不良反应】标准暂无规定。

【注意事项】标准暂无规定。

【停药期】鸡 5 日,产蛋期禁用。

【贮藏】遮光、密闭、在干燥处保存。

52. 如何正确使用阿苯达唑伊维菌素粉?

【主要成分】阿苯达唑、伊维菌素(本品 100 克中含伊维菌素 0.2 克,阿苯达唑 10 克）。

　　【性状】本品为白色或类白色粉末。

　　【适应证】抗寄生虫药物。主要用于预防和治疗鸡的体内、外寄生虫感染。

　　【用法用量】以本品计。内服：鸡按每千克体重，一次投服本品 0.14 ～ 0.2 克。

附 录

禁止在饲料和动物饮用水中使用的药物品种目录

一、肾上腺素受体激动剂

1. 盐酸克仑特罗：中华人民共和国药典（以下简称药典）2000 年二部 P605。β2 肾上腺素受体激动药。

2. 沙丁胺醇：药典 2000 年二部 P316。β2 肾上腺素受体激动药。

3. 硫酸沙丁胺醇：药典 2000 年二部 P870。β2 肾上腺素受体激动药。

4. 莱克多巴胺：一种 β 兴奋剂，美国食品和药物管理局（FDA）已批准，中国未批准。

5. 盐酸多巴胺：药典 2000 年二部 P591。多巴胺受体激动药。

6. 西巴特罗：美国氰胺公司开发的产品，一种 β 兴奋剂，FDA 未批准。

7. 硫酸特布他林：药典 2000 年二部 P890。β2 肾上腺受体激动药。

二、性激素

8. 己烯雌酚：药典 2000 年二部 P42。雌激素类药。

9. 雌二醇：药典 2000 年二部 P1005。雌激素类药。

10. 戊酸雌二醇：药典 2000 年二部 P124。雌激素类药。

11. 苯甲酸雌二醇：药典 2000 年二部 P369。雌激素类药。中华人民共和国兽药典（以下简称兽药典）2000 年版一部 P109。雌激素类药。用于发情不明显动物的催情及胎衣滞留、死胎的排出。

12. 氯烯雌醚：药典 2000 年二部 P919。

13. 炔诺醇：药典 2000 年二部 P422。

14. 炔诺醚：药典 2000 年二部 P424。

15. 醋酸氯地孕酮：药典 2000 年二部 P1037。

16. 左炔诺孕酮：药典 2000 年二部 P107。

17. 炔诺酮：药典 2000 年二部 P420。

18. 绒毛膜促性腺激素（绒促性素）：药典 2000 年二部 P534。促性腺激素药。兽药典 2000 年版一部 P146。激素类药。用于性功能障碍、习惯性流产及卵巢囊肿等。

19. 促卵泡生长激素（尿促性素主要含卵泡刺激 FSHT 和黄体生成素 LH）：药典 2000 年二部 P321。促性腺激素类药。

三、蛋白同化激素

20. 碘化酪蛋白：蛋白同化激素类，为甲状腺素的前驱物质，具有类似甲状腺素的生理作用。

21. 苯丙酸诺龙及苯丙酸诺龙注射液：药典 2000 年二部 P365。

四、精神药品

22.（盐酸）氯丙嗪：药典 2000 年二部 P676。抗精神病药。兽药典 2000 年版一部 P177。镇静药。用于强化麻醉以及使动物安静等。

23. 盐酸异丙嗪：药典 2000 年二部 P602。抗组胺药。兽药典 2000 年版一部 P164。抗组胺药。用于变态反应性疾病，如荨麻疹、血清病等。

24. 安定（地西泮）：药典 2000 年二部 P214。抗焦虑药、抗惊厥药。兽药典 2000 年版一部 P61。镇静药、抗惊厥药。

25. 苯巴比妥：药典 2000 年二部 P362。镇静催眠药、抗惊厥药。兽药典 2000 年版一部 P103。巴比妥类药。缓解脑炎、破伤风、士的宁中毒所致的惊厥。

26. 苯巴比妥钠：兽药典 2000 年版一部 P105。巴比妥类药。缓解脑炎、破伤风、士的宁中毒所致的惊厥。

27. 巴比妥：兽药典 2000 年版二部 P27。中枢抑制和增强解热镇痛。

28. 异戊巴比妥：药典 2000 年二部 P252。催眠药、抗惊厥药。

29. 异戊巴比妥钠：兽药典 2000 年版一部 P82。巴比妥类药。用于小动物的镇静、抗惊厥和麻醉。

30. 利血平：药典 2000 年二部 P304。抗高血压药。

31. 艾司唑仑。

32. 甲丙氨脂。

33. 咪达唑仑。

34. 硝西泮。

35. 奥沙西泮。

36. 匹莫林。

37. 三唑仑。

38. 唑吡旦。

39. 其他国家管制的精神药品。

五、各种抗生素滤渣

40. 抗生素滤渣：该类物质是抗生素类产品生产过程中产生的工业三废，因含有微量抗生素成分，在饲料和饲养过程中使用后对动物有一定的促生长作用。但对养殖业的危害很大，一是容易引起耐药性，二是由于未做安全性试验，存在各种安全隐患。

食品动物中禁止使用的药品及其他化合物清单

（农业部公告第193号）

序号	药品及其他化合物名称
1	酒石酸锑钾
2	β-兴奋剂类及其盐、酯
3	汞制剂：氯化亚汞（甘汞）、醋酸汞、硝酸亚汞、吡啶基醋酸汞
4	毒杀芬（氯化烯）
5	卡巴氧及其盐、酯
6	呋喃丹（克百威）
7	氯霉素及其盐、酯
8	杀虫脒（克死螨）
9	氨苯砜
10	硝基呋喃类：呋喃西林、呋喃妥因、呋喃它酮、呋喃唑酮、呋喃苯烯酸钠
11	林丹
12	孔雀石绿
13	类固醇激素：醋酸美仑孕酮、甲基睾丸酮、群勃龙（去甲雄三烯醇酮）、玉米赤霉醇
14	安眠酮
15	硝呋烯腙
16	五氯酚酸钠
17	硝基咪唑类：洛硝达唑、替硝唑
18	硝基酚钠

序号	药品及其他化合物名称
19	己二烯雌酚、己烯雌酚、己烷雌酚及其盐、酯
20	锥虫砷胺
21	万古霉素及其盐、酯

生产 A 级绿色食品禁止使用的兽药

序号	种类		兽药名称	禁止用途
1	β - 兴奋剂类		克仑特罗、沙丁胺醇、莱克多巴胺、西马特罗及其盐、酯及制剂	所有用途
2	激素类	性激素类	己烯雌酚、己烷雌酚及其盐、酯及制剂	所有用途
			甲基睾丸酮、丙酸睾酮、苯丙酸诺龙、苯甲酸雌二醇及其盐、酯及制剂	促生长
		具有雌激素样作用的物质	玉米赤霉醇、去甲雄三烯醇酮、醋酸甲孕酮及制剂	所有用途
3	催眠、镇静类		安眠酮及制剂	所有用途
	氯丙嗪、地西泮及其盐、酯及制剂		促生长	
4	抗生素类	氨苯砜	氨苯砜及制剂	所有用途
		氯霉素类	氯霉素及其盐、酯（包括琥珀氯霉素）及制剂	所有用途
		硝基呋喃类	呋喃唑酮、呋喃西林、呋喃妥因、呋喃它酮、呋喃苯烯酸钠及制剂	所有用途
		硝基化合物	硝基酚钠、硝呋烯腙及制剂	所有用途
		磺胺类及其增效剂	磺胺噻唑、磺胺嘧啶、磺胺二甲嘧啶、磺胺甲恶唑、磺胺对甲氧嘧啶、磺胺间甲氧嘧啶、磺胺地索辛、磺胺喹恶啉、三甲氧苄氨嘧啶及其盐和制剂	所有用途
		喹诺酮类	诺氟沙星、环丙沙星、氧氟沙星、培氟沙星、洛美沙星及其盐和制剂	所有用途
		喹恶啉类	卡巴氧、喹乙醇及制剂	所有用途
		抗生素滤渣	抗生素滤渣	所有用途

续表

序号	种类	兽药名称	禁止用途
5	抗寄生虫类	苯并咪唑类	噻苯咪唑、丙硫苯咪唑、甲苯咪唑、硫苯咪唑、磺苯咪唑、丁苯咪唑、丙氧苯咪唑、丙噻苯咪唑及制剂	所有用途
		抗球虫类	二氯二甲吡啶酚、氨丙啉、氯苯胍及其盐和制剂	所有用途
		硝基咪唑类	甲硝唑、地美硝唑及其盐、酯及制剂等	促生长
		氨基甲酸酯类	甲萘威、呋喃丹（克百威）及制剂	杀虫剂
		有机氯杀虫剂	六六六、滴滴涕、林丹（丙体六六六）、毒杀芬（氯化烯）及制剂	杀虫剂
		有机磷杀虫剂	敌百虫、敌敌畏、皮蝇磷、氧硫磷、二嗪农、倍硫磷、毒死蜱、蝇毒磷、马拉硫磷及制剂	杀虫剂
		其他杀虫剂	杀虫脒（克死螨）、双甲脒、酒石酸锑钾、锥虫胂胺、孔雀石绿、五氯酚酸钠、氯化亚汞（甘汞）、硝酸亚汞、醋酸汞、吡啶基醋酸汞	杀虫剂

《兽药管理条例》对兽药安全合理使用的有关规定

兽药的安全使用是指兽药使用既要保障动物疾病的有效治疗，又要保障对动物和人的安全。建立用药记录是防止临床滥用兽药，保障遵守兽药的休药期，以避免或减少兽药残留，保障动物产品质量的重要手段。《兽药管理条例》自 2004 年 4 月 9 日国务院令第 404 号公布，2014 年 7 月 29 日国务院令第 653 号部分修订，2016 年 2 月 6 日国务院令第 666 号部分修订。2020 年 3 月 27 日国务院令 726 号部分修订等多次修订后，已经逐步完善。新修订的《兽药管理条例》明确要求兽药使用单位，要遵守国务院兽医行政管理部门制定的兽药安全使用规定，并建立用药记录。

兽药安全使用规定，是指农业部发布的关于安全使用兽药以确保动物安全和人的食品安全等方面的有关规定，如饲料药物添加剂使用规范、食品动物禁用的兽药及其他化合物清单，动物性食品中兽药最高残留限量、兽用休药期规定，以及兽用处方药和非处方药分类管理办法等文件。用药记录是指由兽医使用者所记录的关于预防治疗诊断动物疾病所使用的兽药名称、剂量、用法、疗程、用药开始日期、预计停药日期、产品批号、兽药生产企业名称、处方人、用药人等的书面材料和档案。

　　为确保动物性产品的安全，饲养者除了应遵守休药期规定外，还应确保动物及其产品在用药期、休药期内不用于食品消费。如泌乳期奶牛在发生乳房炎而使用抗菌药等进行治疗期间，其所产牛奶应当废弃，不得用作食品。

　　新《兽药管理条例》还规定，禁止将原料药直接添加到饲料及动物饮水中或者直接饲喂动物。因为，将原料药直接添加到动物饲料或饮水中，一是剂量难以掌握或是稀释不均匀有可能引起中毒死亡，二是国家规定的休药期一般是针对制剂规定的，原料药没有休药期数据会造成严重的兽药残留问题。

　　临床合理用药，既要做到有效的防治畜禽的各种疾病，又要避免对动物机体造成毒性损害或降低动物的生产性能，因此，必须全面考虑动物的种属、年龄、性别等对药物作用的影响，选择适宜的药物、适宜的剂型、给药途径、剂量与疗程等，科学合理地加以使用。

《兽药管理条例》关于兽药使用的主要内容

　　第38条　兽药使用单位，应当遵守国务院兽医行政管理部门制定的兽药安全使用规定，并建立用药记录。

　　第39条　禁止使用假、劣兽药以及国务院兽医行政管理部门规定禁止使用的药品和其他化合物。禁止使用的药品和其他化合物目录由国务院兽医行政管理部门制定公布。

　　第40条　有休药期规定的兽药用于食用动物时，饲养者应当向购买者或者屠宰者提供准确、真实的用药记录；购买者或者屠宰者应当确保动物及其产品在用药期、休药期内不被用于食品消费。

　　第41条　国务院兽医行政管理部门，负责制定公布在饲料中允许添加的药物饲料添加剂品种目录。

　　禁止在饲料和动物饮水中添加激素类药品和国务院兽医行政管理部门规定的其他禁用药品。

　　经批准可以在饲料中添加的兽药，应当由兽药生产企业制成药物饲料添加剂后方可添加。禁止将原料药直接添加到饲料及动物饮用水中或者直接饲喂动物。

　　禁止将人用药品用于动物。

　　第42条　国务院兽医行政管理部门，应当制定并组织实施国家动物及动物产品兽药残留监控计划。

县级以上人民政府兽医行政管理部门，负责组织对动物产品中兽药残留量的检测。兽药残留检测结果，由国务院兽医行政管理部门或者省、自治区、直辖市人民政府兽医行政管理部门按照权限予以公布。

动物产品的生产者、销售者对检测结果有异议的，可以自收到检测结果之日起7个工作日内向组织实施兽药残留检测的兽医行政管理部门或者其上级兽医行政管理部门提出申请，由受理申请的兽医行政管理部门指定检验机构进行复检。

兽药残留限量标准和残留检测方法，由国务院兽医行政管理部门制定发布。

第43条 禁止销售含有违禁药物或者兽药残留量超过标准的食用动物产品。

农业农村部第194号公告：

2020年7月1日起全面禁止促生长药物饲料添加剂

根据《兽药管理条例》《饲料和饲料添加剂管理条例》有关规定，按照《遏制细菌耐药国家行动计划（2016—2020年）》和《全国遏制动物源细菌耐药行动计划（2017—2020年）》部署，为维护我国动物源性食品安全和公共卫生安全，我部决定停止生产、进口、经营、使用部分药物饲料添加剂，并对相关管理政策作出调整。现就有关事项公告如下。

一、自2020年1月1日起，退出除中药外的所有促生长类药物饲料添加剂品种，兽药生产企业停止生产、进口兽药代理商停止进口相应兽药产品，同时注销相应的兽药产品批准文号和进口兽药注册证书。此前已生产、进口的相应兽药产品可流通至2020年6月30日。

二、自2020年7月1日起，饲料生产企业停止生产含有促生长类药物饲料添加剂（中药类除外）的商品饲料。此前已生产的商品饲料可流通使用至2020年12月31日。

三、2020年1月1日前，我部组织完成既有促生长又有防治用途品种的质量标准修订工作，删除促生长用途，仅保留防治用途。

四、改变抗球虫和中药类药物饲料添加剂管理方式，不再核发"兽药添字"批准文号，改为"兽药字"批准文号，可在商品饲料和养殖过程中使用。2020年1月1日前，我部组织完成抗球虫和中药类药物饲料添加剂品种质量标准和标签说明书修订工作。

五、2020 年 7 月 1 日前，完成相应兽药产品"兽药添字"转为"兽药字"批准文号变更工作。

六、自 2020 年 7 月 1 日起，原农业部公告第 168 号和第 220 号废止。

农业农村部 2019 年 7 月 9 日

参考文献

陈宗刚, 2015. 果园林地散养土鸡你问我答 [M]. 北京: 机械工业出版社.

李英, 谷子林, 2010. 生态放养柴鸡关键技术问答 [M]. 北京: 金盾出版社.

魏刚才, 乔凤杰, 2014. 果园林地生态养鸡 [M]. 北京: 机械工业出版社.

魏刚才, 张遂平, 2014. 高效养土鸡 [M]. 北京: 机械工业出版社.

魏清宇, 闫益波, 李连任, 2013. 农家生态养土鸡技术 [M]. 北京: 化学工业出版社.

朱国生, 石传林, 2010. 土鸡饲养技术指南 [M]. 北京: 中国农业大学出版社.